一 个 人 ， 遇 见 一 本 书

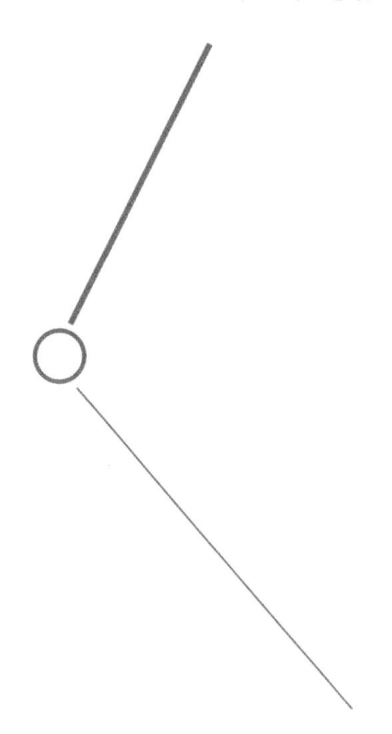

土耳其味儿

陈杰·著

陕西新华出版传媒集团
陕西人民出版社

图书在版编目（CIP）数据

土耳其味儿 / 陈杰著. 一 西安：陕西人民出版社，2017

ISBN 978-7-224-12161-2

Ⅰ. ①土… Ⅱ. ①陈… Ⅲ. ①饮食—文化—土耳其
Ⅳ. ①TS971.203.74

中国版本图书馆CIP数据核字（2017）第031087号

出 品 人：惠西平

总 策 划：宋亚萍

出版统筹：关 宁

策划编辑：韩 琳 张启阳

责任编辑：王 倩 王 凌

封面设计：哲 峰

土耳其味儿

作　　者　陈 杰

出版发行　陕西新华出版传媒集团　陕西人民出版社
　　　　　（西安北大街147号　邮编：710003）

印　　刷　陕西金和印务有限公司

开　　本　787mm × 1092mm　16开　13.25印张

字　　数　200千字

版　　次　2017年6月第1版　2017年6月第1次印刷

书　　号　ISBN 978-7-224-12161-2

定　　价　45.00元

肉食动物VS素食动物

宋朝人写过一本书，名字叫《山家清供》。顾名思义，就是山里人家食用的粗茶淡饭，里面的诸多“招牌”自然是素食。书中记载的山家三脆、东坡豆腐、梅花汤饼都是南宋时期的经典名菜，一听名字、做法，就知道这精致的感觉绝非“粗茶淡饭”所能形容。

就在这《山家清供》里有道菜叫“冰壶珍”，作者在记录这道菜的时候讲述了一个故事。宋太宗问当时的名臣苏易简：“食品称珍，何者为最？”苏易简回答说：“吃这档子事，因人而异，只要符合口味就最珍贵。”接着，苏易简就给太宗皇帝推荐了一味他觉得珍贵的食物——齑汁儿，他说：“臣在一个酷寒的晚上，抱着炉子热着酒，痛饮到大醉，拥被而眠。夜间突然醒过来，觉得口干舌燥，见月光照在中庭，残雪下有一个齑罐儿，立刻把家里的童仆叫来，把这罐儿挖出来，就着雪洗了手，满满地喝了几杯齑汁儿。我这个时候想，大概天上神仙厨房里的龙肝凤髓，也比不上这齑汁儿美味吧。”

齑汁儿，苏易简说就是清面汤浸上菜，封在一个口小腹大的罐儿里，发酵了以后，析出的汁液，类似我们今天说的泡菜卤，有一种独特的风味。苏易简说这个东西最解“酒渴”，所以取名“冰壶珍”。

想来，如我等这样不贪杯中之物的人，怎么也体会不到大醉过后痛饮两杯泡菜卤的滋味儿。在我看来，如大雪寒天，围炉而坐的日子，首先应该支一个锅子，炖上骨头，撇去浮油，下肉丸子、甜不辣、蟹肉棒、羊肉卷，最后捞尽骨头，以完此劫；或者是上一把火扦子，穿上牛羊肉，在炉子上烤得吱吱叫，撒上孜然等物，大快朵颐，庶几不辜负这琉璃世界。

这，大约就是肉食动物和素食动物在思维上的区别。

古人云，"肉食者鄙"，但古人却无法抗拒肉食。豁达如苏东坡，虽然写有"宁可食无肉，不可居无竹，无肉令人瘦，无竹令人俗"的名句，但真让他"居无竹"，他大约不会有什么意见，让他"食无肉"，大约三天他就忍受不了了。肉食给人带来的满满的幸福感，真不是别的食物所能代替的。

就如《孤独的美食家》中的井之头五郎一样，虽然在码头被龙虾和海螺所诱惑，但在饿着肚子又赶不到海鲜店的时候，一顿盐烧肉和肉饼就能抚慰他的心灵，而平凡人如我等，隔三岔五走进烤肉店，或者是从厨房中端出一锅鸡，感受一下扑鼻而来的肉香，也能体会到快乐的感觉。

2015 年 10 月，我踏上了一个神奇的国度——土耳其。除了在圣索菲亚大教堂中漫步，在安塔利亚地中海泛舟，在卡帕多奇亚的怪石山区中飞行之外，土耳其这个国家，最吸引我的就是那些五花八门的美食。土耳其料理和中华料理、法国料理并称"世界三大料理"，能最大限度地满足人们"逛吃逛吃"的需求，每日的食物以肉食为主线，以甜品、沙拉、饮品为辅助，肉食饕餮的天堂大概就是如此吧。

待回来以后，朋友问我："你为土耳其之行写了点儿什么没有？"我说："无有。"朋友说："那你就写点儿吧。"于是，就有了这本书。

土耳其的历史和地理（简版）

这里是两大洲的交界处，这里是地缘政治的焦点区域，这里历史悠久、文化璀璨，这里能见到古代希腊、古代罗马两大文明和拜占庭、奥斯曼两大帝国的壮丽遗存，这里能享用到世界三大料理之一，这里是土耳其，这本《土耳其味儿》即将巡礼之地。

土耳其的领土横跨欧洲和亚洲，这两部分领土之间隔着两峡一海——博斯普鲁斯海峡、马尔马拉海、达达尼尔海峡。领土北濒黑海，南临地中海，西

爱琴海

瞰爱琴海。土耳其 96% 的领土在亚洲，即黑海和地中海之间的安纳托利亚半岛，4% 的领土在欧洲，首都安卡拉在安纳托利亚的中央位置，最大城市伊斯坦布尔则横跨博斯普鲁斯海峡。土耳其领土的欧洲部分，与希腊、保加利亚接壤；而它的亚洲部分，东南与叙利亚、伊拉克接壤，东部与伊朗、亚美尼亚及阿塞拜疆共和国的部分飞地接壤，东北则与格鲁吉亚接壤，隔黑海与乌克兰、俄罗斯遥遥相望。

土耳其的英文名称为 Turkey。有趣的是，英文里还有一种动物名叫作 turkey，没错，就是美国人在感恩节时一定要吃上一只的火鸡。这种其貌不扬的动物有着非常厚实的肉，因此被当作新大陆的肉禽之王。最早的野生火鸡就是美洲的土著——生活在中北美洲，西班牙人在 16 世纪初侵入北美阿兹特克帝国时，把火鸡从美洲带回了欧洲。而美国人为了纪念随着“五月花号”初到美洲的清教徒移民始祖们筚路蓝缕开辟美洲殖民地的清苦，也会在每年十一月的第四个星期四烤上一只火鸡，这是印第安原住民的饮食与基督教移民习俗的一次“婚礼”。

火鸡和土耳其国名“撞车”，纯粹是因为误会。欧洲人在一开始误将从美洲来的火鸡和从东方土耳其传来的珠鸡相混淆，称呼火鸡为“turkey cock”，慢慢地，简称为“turkey”，就这样不断以讹传讹下去了。当然可以确定的是，先有 Turkey 的国名，再有 turkey 这个鸟名。

土耳其辽阔的土地上，有 15 处世界遗产，其中文化遗产 13 处，文化与自然双遗产 2 处。最古老的一处遗产位于土耳其安纳托利亚中部的城市科尼亚附近，名为恰塔霍裕克（Çatalhöyük），1958 年，在这里发现了一处新石器时代的遗迹，此后相继发掘了 13 个文化层，最早的可追溯到公元前 5500 年，对研究安纳托利亚一带的新石器文明具有重要价值。

在安纳托利亚诞生的第一个帝国是赫梯（Hittites）。大约在公元前 1680 年前后，在安纳托利亚中部的克泽尔河（Kızılırmak Nehri）流域诞生了赫梯古王国。克泽尔河的名字，在土耳其语中意为“红河”，日本漫画家筱原千绘著有一部著名的漫画《天是红河岸》（天は赤い河のほとり），讲述的就是一个少女穿越到古代赫梯的故事。到公元前 15—前 13 世纪的新王国时期，赫梯达

地中海

到鼎盛。大约在公元前 1274 年前后，强盛的赫梯帝国和古埃及法老拉美西斯二世（Ramesses Ⅱ）为争夺叙利亚区域，在卡迭什（Kadesh）爆发了一场战争。战后，两个古代帝国缔结了人类历史上第一个和平条约，记载着这一和平条约的泥板，今天珍藏于伊斯坦布尔考古博物馆的古代东方博物馆中。

赫梯在公元前 12 世纪走向衰亡，其后被并入强盛的亚述帝国，消失在历史舞台上。今天的我们，只能从土耳其中部的赫梯首都哈图莎（Hattuşaş）的考古遗址来追忆这个强大帝国曾经的辉煌。

西方历史进入希腊文明时代，希腊城邦的居民开始在地中海广泛地建立起殖民地。在地中海东部星罗棋布的希腊城市中，也包括安纳托利亚西部沿海区域的米利都、特洛伊这样的希腊城市，其中特洛伊更是因为被写入了《荷马史诗》而闻名于世。

这个时代的安纳托利亚大部分都归属于阿契美尼德（Achaemenid）王朝的波斯帝国所有，这个崛起于伊朗高原的小亚细亚帝国成为希腊的最大威胁，爱琴海和希腊半岛成为希腊人和波斯人争夺的舞台。其后，希腊北部的马其顿出现了一位杰出的军事天才亚历山大。在团结希腊各城邦的基础上，亚历山大于公元前 331 年在高加米拉（Gaugamela）战役中击败了波斯帝国皇帝大流士三世（Darius Ⅲ），亚历山大帝国在波斯帝国的废墟上建立起来。

此后，亚历山大帝国随着亚历山大的去世而土崩瓦解。如今，亚历山大的石棺静静安放在伊斯坦布尔考古博物馆的第八展厅，仍然在向世人叙说着这位军事天才曾经叱咤风云的人生。

解体后的亚历山大帝国，其遗产由亚历山大的部下继承，安纳托利亚地区又归属于希腊化的塞琉古帝国。这个统治着安纳托利亚中部直到伊朗高原的庞大帝国，与统治埃及的托勒密王朝进行着争夺叙利亚的战争，而几个希腊化王朝的内耗，加上境内各族的矛盾，令他们逐渐失去了对新兴起的罗马帝国的抵抗力。公元前 64 年，与著名的恺撒并列为“前三头同盟”之一的罗马将领庞培（Gnaeus Pompeius Magnus）吞并了塞琉古，将安纳托利亚地区也并入了庞大的罗马。以弗所成为帝国在亚洲行省的首府。

在罗马帝国时代，地中海成了罗马的内湖。公元 330 年，罗马皇帝君士坦丁一世（Constantine the Great，272—337）下令在亚欧大陆的交界处建造一座全新的城市——君士坦丁堡（Constantinopolis），这个位于东西交通要冲的新城市很快成为罗马帝国的新首都。公元 395 年，庞大的罗马帝国分为东西两大帝国，东罗马帝国以君士坦丁堡为首都，称此地为“新罗马”。在公元 476 年西罗马帝国灭亡后，东罗马帝国仍然延续了上千年，逐渐变为一个希腊化的帝国。君士坦丁堡建立在希腊的殖民城市拜占庭的基础上，因此，这个帝国也被称为拜占庭帝国。

作为拜占庭繁荣的标志，君士坦丁堡耸立起了壮观的圣索菲亚大教堂，厚实的城墙在几个世纪里抵挡住了无数敌人对这座城市的侵袭，天然良港金角湾中涌进了无数来自意大利和东方的商船。拜占庭帝国在阿拉伯帝国兴起以后，成为中世纪基督教世界抵挡伊斯兰世界西进的第一线，其后，帝国又面临着塞尔柱突厥人的入侵威胁。为争夺圣地耶路撒冷和支撑拜占庭帝国，西欧在教皇的忽悠下，发起了十字军，第四次十字军则在威尼斯共和国总督恩里克·丹多洛（Enrico Dandolo，1107？—1205）的率领下反戈一击，攻陷了君士坦丁堡这座号称“永不陷落的城市”，给了这个千年帝国沉重的一击。

对帝国真正构成威胁的是从东方草原上席卷而来的塞尔柱突厥人，他们在波斯接受了伊斯兰教，以出色的骑射能力迅速打开了安纳托利亚的门户，帝国在亚洲的势力很快在突厥人的铁骑下节节退却。塞尔柱突厥人在今天的埃尔祖鲁姆（Erzurum）、迪夫里耶（Divriği）都留下了丰富的遗产，今天迪夫里耶城中，便留存着13世纪的塞尔柱突厥人统治者建立的清真寺及邻近的医院。清真寺独特的穹顶结构和精美的装饰性雕刻艺术，体现了该时期伊斯兰艺术的特征，塞尔柱人把波斯文化和伊斯兰文化带进了安纳托利亚，成为后来奥斯曼帝国艺术的滥觞。

今天的土耳其是在奥斯曼帝国的基础上形成的近代民族国家。而这个从中世纪到近代对世界都产生过巨大影响的帝国建立的过程却异常曲折。自奥斯曼（Osman Ⅰ，1258—1326）和奥尔罕（Orhan，1281—1362）两代君主奠定基础后，这个游牧民族组成的国家迅速成为拜占庭最具威胁性的敌人。奥尔罕在1326年左右占领了安纳托利亚半岛西北部的布尔萨（Bursa）并定都于此，与君士坦丁堡隔海相望，威胁着拜占庭核心领土的安全。此后的奥斯曼君主们，频繁过海侵袭巴尔干半岛，1362年占领了阿德里安堡（Adrianople，今称埃迪尔内）并将首都迁移到这个欧洲城市，到14世纪末，强大的奥斯曼人已经快将拜占庭的欧洲领土蚕食殆尽。

但奥斯曼人很快踢到了石头上，从东方挟威而来的另一股势力给了不可

伊斯坦布尔老城

一世的奥斯曼苏丹巴耶齐德一世（Bayezid Ⅰ，1360—1403）当头一击。这位从宫廷残杀的血泊里走出来的苏丹在1396年的尼科波利斯（Nicopolis）战役中曾大败欧洲十字军，巩固了帝国对巴尔干的占领，却在1402年的安卡拉之战中败给恐怖的“鞑靼战神”帖木儿（Tīmūr，1336—1405），苏丹自己也成了“瘸子”帖木儿的俘虏。

以军事征服而建立的帖木儿帝国如昙花一现，在帖木儿死后迅速瓦解。奥斯曼人又一次获得了崛起的时机。到15世纪穆罕默德二世（Mehmed the Conqueror，约1430—1481）统治时期，奥斯曼帝国已经成为亚欧大陆上令人恐惧的力量。1453年5月29日，在经历长时间的围城战以后，穆罕默德二世攻陷了君士坦丁堡，将其改名为伊斯坦布尔，定为新的土耳其帝国的首都，苏丹穆罕默德二世因此被称为“征服者”。

奥斯曼土耳其帝国随后在欧亚大陆狂飙突进，继承“征服者”事业的苏丹们，将伊斯兰教的两大圣地麦加和麦地那纳入帝国统治，领土扩展到阿拉伯半岛，随后入侵埃及、突尼斯、阿尔及利亚等地。在苏丹“立法者”苏莱曼大帝（Sultan Süleyman Ⅰ，1494—1566）时代，帝国达到了极盛。奥斯曼军队兵临维也纳城下，震撼了基督教世界。而横亘在欧洲和亚洲之间的帝国的威势，也迫使西欧为追寻香料和黄金寻找新的路线。在15世纪末到16世纪初，西班牙和葡萄牙作为先驱开辟了前往东方的新航路。

苏莱曼大帝去世后，帝国开始螺旋式衰落，曾经凭借海盗横行地中海的帝国海军于1571年在勒班陀（Lepanto）被西班牙、威尼斯等西欧国家组成的神圣同盟击败，遭到了毁灭性的打击。当西欧在社会、军事、文化上走入近代的时候，帝国却故步自封。从19世纪开始，希腊、罗马尼亚、黑山、塞尔维亚等纷纷独立，巴尔干半岛基本脱离了帝国的控制，而另一方面，埃及也在穆罕默德·阿里（Muhammad Ali，1769—1849）的领导下走向了实际上的独立，帝国领土缩水到安纳托利亚半岛和小部分欧洲区域，并且面临着北方强大的沙皇俄国的觊觎，昔日让欧洲人胆寒的帝国如今被称为“欧洲病夫”。

第一次世界大战给了这个古老帝国最后一击，加入以德国为首的同盟国阵营使帝国四面楚歌。在巴尔干，帝国要对抗塞尔维亚等宿敌；在安纳托利亚东北部，沙皇俄国正准备入侵；在阿拉伯半岛，英国人虎视眈眈；在色雷斯（Thrace），希腊人在协约国支持下打算趁火打劫；而在欧亚交界的加利波里（Gallipoli，在今土耳其恰纳卡莱），英法舰队正在把多国联军源源不断地送上海岸。

危机中的土耳其迎来了一位杰出的民族英雄——穆斯塔法·凯末尔（Mustafa Kemal Atatürk，1881—1938），正是这位青年军官在加利波里击败了多国联军并阻止其登陆，又领导土耳其人击退了希腊入侵。1923 年的《洛桑条约》将外国势力驱逐出了土耳其，土耳其宣布成为共和国。领导了土耳其独立和民族解放运动的凯末尔成为共和国的第一任总统，并被授予“阿塔图尔克”（Atatürk，国父）的称号。土耳其在共和体制下走上了近代化的发展之路。

这就是土耳其，一个扼守着欧亚交通要冲的地区性大国，一个有着悠久历史和丰富文化遗产的国家，一个蓝色的国度。

欸?！各位看官，看到这里，好像已经忘记了这是一本美食书了？啊！那么，现在开始，让我们上菜吧！

The Tastes of Turkey

上前菜

一、地中海的馈赠
——橄榄油的妙处

飞机降落在伊斯坦布尔的阿塔图尔克机场，走出机场，伊斯坦布尔秋季早晨清冷的空气扑面而来。经历了十个小时的飞行，虽然享受了土耳其航空华丽的飞机餐，但在舒展了因为长距离飞行而酸疼的腰肢后，不由得仍然萌发了应该要吃点儿什么的欲望。

车辆沿着马尔马拉海一路飞驰，掠过了许多白色的海边别墅。在即将抵达达达尼尔海峡轮渡口时，我们走进了一家路边餐厅。餐厅雪白的墙上刷着古希腊风格的壁画，洋溢着希波战争时期金戈铁马的气息，预示着这家餐厅不一

达达尼尔海峡

土耳其侍者端上一盘蔬菜沙拉，绿油油的生菜，紫巍巍的甘蓝。但沙拉上并不会放沙拉酱，需要用橄榄油来调味。

般的魅力。

在铺着雪白桌布的长桌旁落座后，土耳其侍者端上的第一道菜是一盘蔬菜沙拉，绿油油的生菜，紫巍巍的甘蓝，有趣的是，这盘蔬菜沙拉并没有抹上一条条白色的沙拉酱。在品尝了一口寡淡无味的生菜后，嘴里“淡出鸟来”的我们视线不由得被桌上的几个小瓶子所吸引。

其中一个小瓶子里的液体发着透亮的绿色光泽，揭开瓶盖，橄榄的清香四溢。啊！原来是橄榄油。

怀着尝试一下的心情，把橄榄油轻轻淋在蔬菜沙拉上，绿色透亮的油体轻柔地张开“双臂”，将蔬菜深情地拥入怀里，再用勺子轻轻搅拌，让橄榄油与蔬菜来一次水乳交融的“合抱”。怀着忐忑的心情，把经过橄榄油洗礼的蔬菜再度送入口中。

欸！这种独特的口感是怎么回事?！在齿颊间喷薄而出的蔬菜汁液和橄榄油构成了绝妙的配搭，润滑的油中和了生蔬菜带来的清冷感，自然融合出一种地中海式的天然香味，从唇齿间自然地流泻出来。金圣叹说：“花生米与豆腐干同食，有肉味儿。”而橄榄油与生蔬菜同食，出人意料地，有海味儿。

车过了达达尼尔海峡，沿着爱琴海沿岸的公路一侧，布满了绿油油的橄榄田，即便是秋季，温暖如春的爱琴海边，橄榄的长势仍然喜人，满山遍野洋溢着一种生命的气息。宝石蓝的海，翡翠绿的橄榄，这就是从古希腊时代开始，这片土地上一直延续着的主色调，红顶白房子点染其间，犹如一幅凡·高式的立体画。

早在古希腊时代，橄榄就被认为是神灵的恩赐。在希腊的雅典城，流传着这样一个建城故事：智慧女神雅典娜和海神波赛冬争夺一处最新建造完成的都市，两人各显神通，赠送礼物给新城的居民，希望获得城市守护神的殊荣。波赛冬先发制人，施展神力从海中唤出了一辆四驾马车，车上站着的武士全身披挂金光闪闪的铠甲，带有一种天然的威慑感，这是波赛冬的礼物——战无不胜的战车。雅典娜则微微一笑，拿出了一条橄榄枝，她赠送给了这个城市橄榄树。最终，雅典娜那看似平淡无奇的礼物胜出了，这个城市便以雅典娜的名字命名为“雅典”，并且以雅典娜为城市的守护神，为她建造神庙。

沿着爱琴海沿岸的公路一侧，布满了绿油油的橄榄田。古希腊时代，橄榄被认为是神的恩赐，代表着和平。

这个神话被后人赋予了更多的含义：波赛冬的战车象征战争，雅典娜的橄榄树象征和平，人类舍弃战争而选择了和平。这个解读带有理想化的因素，古希腊时代的雅典城邦几乎是希腊半岛一霸，无论如何也表现不出热爱和平的样子。这个故事，不妨看作是历史上最早的一次广告冠名权之争，雅典娜用自己出色的客户定位和需求分析击败了波赛冬，获得了这次冠名。

由于加上了这个“神赐”的光环，橄榄对于古希腊人来说便有着特殊的意义。橄榄当然不是雅典娜带到希腊的。橄榄的原产地在中东地区的叙利亚和以色列一带，这里的地中海沿岸地区的人们从五六千年前就开始栽培橄榄。由犹太人写成的《旧约全书》在《创世记》中如是记载着：上帝不满于人类的罪恶，因此降下了四十昼夜的大雨，只有诺亚和他建造的方舟上的生物得以存活。到一百五十天后，洪水退去，方舟停在亚拉腊山（Mount Ararat）上。过了许多天后，为了确认地面干了，诺亚打开窗户放出了一只鸽子，黄昏的时候，鸽子回到方舟，“嘴里叼着一片新拧下来的橄榄叶子”，于是诺亚知道，洪水已经退去了。鸽子衔着橄榄枝的形象因为这个典故而成为和平的象征，人们更多地将之视为大乱之后将有大治的预兆。

之所以诺亚的鸽子衔回橄榄会作为洪水退却、陆地出现的证明，就是因为在地中海这片土地上橄榄一直茂密生长。夏季少雨，气候温暖的地中海沿岸，橄榄和无花果是种植最多的两种作物。古希腊人以其特有的进取精神在地中海沿岸广泛地建立殖民地，包括今天土耳其著名的特洛伊和以弗所，他们把中东出产的橄榄油随船带到了地中海的其他地区。

古希腊哲学家亚里士多德的《政治学》中曾记载了米利都学派的泰勒斯（Thales，约前624—约前547）的故事。泰勒斯在冬天的时候通过观察星象预测来年橄榄即将丰收，于是他用很低的价格把米利都区域的橄榄压榨机全部预订下来，到收获季节，人们都来求租泰勒斯的压榨机，这位哲学家因此大赚了一笔。

米利都是位于安纳托利亚西海岸线上的希腊城邦，如果亚里士多德的记载真实，那么说明至少在公元前6世纪前后，安纳托利亚沿海就已经有繁荣的橄榄种植业和橄榄油生产业。

中国人用“如嚼橄榄”来形容橄榄初入口极苦、久而回甘的味道，中国人还用橄榄入药。民国时期的学者章太炎熟读古代医学典籍，他曾这样叮嘱自己的妻子：“橄榄、芦菔多吃，是为养生之道。”又对自己的孩子说：“常服橄榄、藿服，以防时疫。”日本学者石田干之助曾引用过一个故事，说清代神医叶天士素以妙手回春闻名，一天遇见一个请他治“贫病”的人，叶天士随手就从路边捡起几个橄榄核，说：“回家种下去，发芽以后告诉我。”此后，叶天士在给病人开药时，便随手加上一味橄榄，那个得了“贫病”的人因此大赚一笔，从此脱贫致富。橄榄清热解毒，生津止渴，平时拿着当零食吃都可以，所以今天的超市里也能买到零食橄榄。

然而这并不是地中海地方的人用来榨油的橄榄，中国人常食用的橄榄属于橄榄科橄榄属，虽然也能榨出油来，却不是我们熟悉的 olive oil。本篇中我们所说的制作橄榄油用的橄榄，属于木樨科木樨榄属，是另一种不同的植物。中国古人把这种橄榄叫“齐墩”，有意思的是，今天土耳其语中，把这种橄榄叫作“Zeytin”，音似“齐墩”，足见这个名字正是从西方传来的。唐朝时期的《酉阳杂俎》记载说：“齐墩树，出波斯国，亦出拂林国，拂林呼为齐虒。树长二三丈，皮青白，花似柚，极芳香。子似杨桃，五月熟。西域人压为油，以煮饼果，如中国之用巨胜也。” 拂林国，或称拂菻国，被认为是古代史籍中对拜占庭帝国或其附近区域的称呼，说明 olive 这种橄榄是由地中海经过今天的伊朗、中亚等地区传播到中国的。

生的橄榄含一种叫糖苷的成分，有一种特殊的苦味。在欧洲人看来，橄榄的苦味也是无法接受的。奇怪的是，橄榄在榨油以后，却绝没有生橄榄的那种苦。原来在榨油的过程中，生橄榄中的糖苷被留在了果渣里，只保留了橄榄特有的清香。在古代希腊人看来，这简直是神赐予的奇迹。希腊人的生活和橄榄密不可分。好胜的古希腊人每四年在奥林匹斯山举办一次运动会，希腊各城邦派遣他们的勇士在运动场上一较高低，优胜者则戴上橄榄枝编就的花环，这是希腊人对冠军的至高敬意。而在死者面部抹上橄榄油，象征着到另一个世界仍然保持洁净和神圣。

继承了希腊文化的罗马人，对橄榄油也是情有独钟。在公元前 600 年左右，罗马人就得到了橄榄，到了公元四五世纪，帝国罗马已经把橄榄油事业铺满了帝国的内湖——地中海。罗马人在烹饪上也传承了希腊人的传统，以鱼作为主菜的核心。公元前 4 世纪的阿切斯特亚图（Archestratus）在他的《美食法》（*Hedypatheia*）中给罗马人提供了烹饪参考，这位生活在西西里岛的美食家提倡一些肉质软嫩的鱼在烹饪时不用任何浓烈的调味品，而只是用盐和橄榄油，再加上一小撮茴香，相信这样的做法能最大限度地保留海鱼的鲜味。罗马人做鱼的方法是烤。想象一下，一条新鲜的鲻鱼，肉质肥嫩而又厚实，用无花果叶包裹住，在火上烤到吱吱作响以后，略撒盐末，淋上一勺橄榄油，油和滚烫的鱼身接触，瞬间发出“刺啦”一声，加上茴香后，在座的所有饕餮之徒恐怕已经按捺不住要动手里的刀叉了。而阿切斯特亚图在谈及烹饪兔肉的时候，又反复告诫千万不要让上好的烤兔肉被“橄榄油和乳酪做成的浓厚酱汁”给毁了。

这从侧面说明了一个事实：罗马人有着非同一般的“重口味”，他们对各种浓厚的酱汁有着疯狂的迷恋。罗马人用胡椒、茴香、芹菜籽、洋葱、葱、韭菜、香菜、薄荷等各种调味料或香料来获得刺激性口味，用蜂蜜、发酵的果汁等来获取甜味，然后把这些材料用他们最喜欢的鱼酱油、醋、葡萄酒、奶、水等液体调和起来，当然，调制酱汁的液体也少不了大量的橄榄油。在一个庞

罗马广场

大的可容纳百万人的帝国城市，考古学者可以发现堆积如山的橄榄油壶的碎片。罗马的历史学家老普林尼（Pliny the Elder，23—79）说："意大利有着品质最好且价格公道的橄榄油。"同时，他记载说，在罗马城的中心——罗马广场上，生长着三种植物：葡萄、无花果和橄榄。古罗马诗人贺拉斯（Horace，前65—前8）如是写道："橄榄、菊苣和冬葵是我的食物。"（Me pascunt olivae, me cichorea levesque malvae.）足见橄榄油在罗马的重要性。

橄榄油与生蔬菜同食，出人意料地，有海味儿。

对于罗马饮食的另一种猜测是橄榄油和罗马人最常食用的面包形成绝妙搭配的可能性有多大。在前往古罗马遗址以弗所的途中，我们在爱琴海边的一个小城艾瓦勒克（Ayvalik）停留，走进一家橄榄油特产店，店员端出一个盘子，用牙签挑起一片海绵状的东西塞入客人的口中。初嚼如棉絮，仔细一尝有橄榄的芬芳。再看那盘子时，原来是切成小片的面包浸泡在橄榄油中。放冷的面包可不似面包坊中刚烘烤出来的那样又甜又软，在土耳其，用来佐餐的面包往往表皮坚硬，内芯绵韧，要下咽非佐以配汤不可。而没想到的是，仅用橄榄油就能让这不合口味的面包有如此的变化。

在土耳其，前菜往往就是一盘沙拉，最受欢迎的是"牧羊人沙拉"（Çoban salatası），这是一道简单得近乎"傻瓜"式的菜品：番茄、黄瓜、洋葱、辣椒——五彩缤纷的蔬菜们汇聚在一个盘子里，在上桌时浇上一勺橄榄油醋汁，画龙点睛。

除了食用以外，橄榄油还有许多不同的功用。古代人首先能想到的就是用它点灯。伊斯兰教的经典《古兰经》第24章第35节如是写道：

真主是天地的光明，他的光明像一座灯台，那座灯台上有一盏明灯，那盏明灯在一个玻璃罩里，那个玻璃罩仿佛一颗灿烂的明星，用吉祥的橄榄油燃着那盏明灯……

然而在电灯普及的今天，橄榄油除了食用，更多的是用来做化妆品和肥皂。

在艾瓦勒克的橄榄油商店中，摆设着琳琅满目的橄榄油制品：写着 Olive Oil Soap 的手工肥皂，用绳子精致地扎着一枚土耳其蓝眼睛；以橄榄油为原料，加入地中海生长的石榴、无花果、玫瑰等植物精华的身体油、面霜等护肤品。热情的店员打开每一瓶试用装，抹在每个顾客的手上，勾引起许多人“买买买”的欲望。实践证明：橄榄油含有不少润肤的成分，同时天然橄榄油对皮肤的刺激很小，难怪亚洲的化妆品生产大国日本每年都进口大量的橄榄油作为生产化妆品的原料。

另外，橄榄油被证明有抗炎症的功效，古希腊人在运动时，就把橄榄油涂在身上，防止运动伤害。橄榄油还能预防心脏病，促进消化，解决便秘问题等。一勺橄榄油，健康多一点儿，这大约就是地中海饮食带给人们的福利。

在土耳其，人们把各种开胃菜、前盘菜或者下酒菜叫作“Meze”或者“Mezze”，而橄榄油是许多开胃小菜不可或缺的配角。一顿土耳其菜，用橄榄油浇注的蔬菜沙拉往往处于前锋的地位，一小盘蔬菜，配以橄榄油，清洗人的口和肠胃，准备应付接下来的正餐大军。地中海和土耳其的味道王国里，橄榄油是一位向导、一匹识途的老马。

二、酸奶的魅力

柬埔寨的吴哥寺，是一座适合静静欣赏的古老寺院，在寺院的外回廊，吴哥王朝的君主将他们的信仰和功绩刻满了回廊的外墙。

在吴哥寺的外回廊上，有一处长长的壁雕，雕刻着一条长长的龙，龙的两端，有两群人如拔河一样拉着龙头和龙尾，而当中站着一个意气风发的神，正在指挥着左右两边拉着龙神。

这是印度教神话中的“搅拌乳海”的故事，拉着龙尾的那一拨是天神，

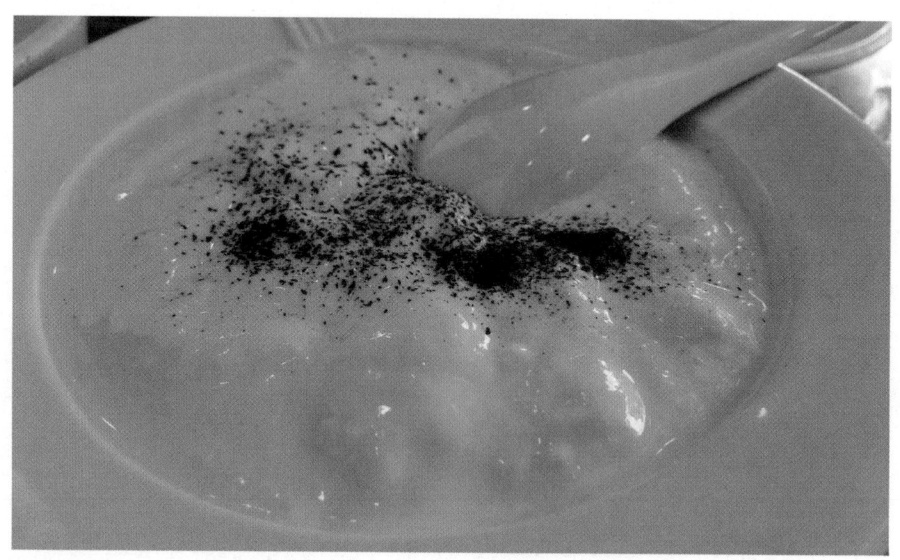

撒有薄荷的酸奶

而拉着龙头的那一拨是阿修罗。在中间指挥的是印度教的主神之一毗湿奴。天神们在毗湿奴的率领下诱骗阿修罗以龙神为搅绳搅拌乳海，从中搅出了可以使人不死的甘露，天神们把甘露占为己有，让阿修罗白白为他们打了一次工。这个神话故事出现在吴哥的诸多神庙之中，在门楣上、墙壁上，到处镌刻着毗湿奴得意扬扬的样子。

这个来自印度史诗《罗摩衍那》的故事有个鲜有人注意的地方，那就是——让众神长生不死的甘露竟然是从“乳海”中搅拌得到的。乳，或者确切地说牛乳，在印度的传统中有神圣的意味。牛，在印度也是一种神圣的动物。印度的古老史诗《梨俱吠陀》中，曾经把朝霞和女子这样美好的东西类比为奶牛，诗歌这样写道：“这个光华四射的快活的女人，从她的姊妹那儿来到我们面前了。天的女儿啊！像闪耀着红光的牝马一般的朝霞，遵循着自然的节令；是奶牛的母亲，是双马童（星）的友人。……像刚放出栏的一群奶牛，欢乐的光芒到了我们面前。曙光弥漫了广阔的空间。”

而佛教，也同样重视“乳”。在佛教传说中，佛陀在未成道时，经历了苦行，形容枯槁，幸得河边的牧羊女供给羊乳制作成的乳糜。佛陀饮用以后，恢复了体力，于是在菩提树下感悟得道。在许多寺院中，都绘有佛陀和牧羊女的形象。

在印度料理里，乳酪（Panir）和酸奶（Dahi）都占据了重要的一席之地。比如印度的烤肉，除了大蒜、生姜、辣椒、胡椒、盐、橄榄油、茴香、咖喱等调味品以外，喜欢奶油腌制品的印度人腌肉时会加入一些酸奶酪和柠檬汁，用这种方式腌制的肉，会带有淡淡的奶香味。孟买人还会制作一种叫拉斯义（Lassi）的饮料：用200毫升酸奶与50毫升冰水混合，加入糖或蜂蜜，以及小豆蔻粉、杏仁粉、盐和混合香料，充分搅拌至泡沫状。印度旁遮普人则用芒果酱加乳酪制作成具有自己特色的芒果拉斯义。在炎热的印度，这种冰水混合奶的饮料应该是广受欢迎的“无印凉品”。

自印度再往西，在阿拉伯半岛，乳酪是一种常见的食物。据说就是旅行的阿拉伯商人把羊奶装到了羊胃里，当想起来的时候，羊奶已经变成了成块的乳酪。而实际上，乳酪的历史可能更早，在古代埃及、古代印度的文献中都能发现乳酪的踪迹。至少在古代希腊和罗马，乳酪已经十分普及。希腊的《荷马史诗》中，已经出现了以牧羊为业并大规模制作乳酪的“独眼巨人”。希腊至今还保留着一种源自克里特岛的 Mizithra 乳酪制作工艺，就是把新鲜羊奶煮几分钟后，倒入一些如青柠汁、醋这样的酸性液体，促其凝固，然后倒进一个袋子里，挂置，漏出乳清，熟化以后就会凝结成一块袋子形状的乳酪——紧密、坚硬，带着天然形成的微酸味，而外形洁白如玉，叫它“微酸美人”似乎并不夸张。

罗马人则从伊特鲁里亚人那里学会了乳酪的制作方法，在罗马帝国的伦巴底地区出产极其优质的乳酪产品。今天，我们把乳酪叫作“起士”（Cheese），就是来源于拉丁语的 caseus。今天最古老的乳酪之一佩科里诺罗马干酪（Pecorino Romano）就源自古罗马时代，当时是罗马军团的配给口粮之一，至今仍在撒丁岛生产着。今天去意大利旅游的人还常会听到一种被称呼为“乳酪之王”的产品——帕玛森干酪（Parmigiano-Reggiano），这是意大利乳酪的代表作，它的历史则可以追溯到 13—14 世纪。

在黎巴嫩、叙利亚、约旦、伊拉克等半岛国家，还流行一种叫 Halloumi 的乳酪，曾经在阿拉伯半岛盘踞多时的英国人，把这种羊奶制作的乳酪带回了英国，成为英国料理中增添味道的一抹亮色。而这种羊奶经过发酵制成的乳酪起源于继承罗马的拜占庭帝国时期的塞浦路斯。这种干硬的乳酪甚至可以用来油炸和烧烤，以色列人就把它放在橄榄油里炸了后做烤鱼的配餐。

以乳酪的形式能相对长久地保存容易变质的羊乳或牛乳。乳，通过微生物发酵的方式凝固成便于携带的乳酪，这是古代人类的一大发明。

在土耳其，乳酪被叫作 peynir，来自波斯语的 panir，与印度人在吠陀文献中所称呼的乳酪一样。土耳其料理中有着许多种类不同的乳酪，很多乳酪是从周边的各个国家和地区流传过来的。

一种比较常见的土耳其奶酪是 Beyaz peynir，这个词语的意思是“白乳酪”。这种奶酪经常被土耳其人用作早餐，或制沙拉，或裹入皮塔饼（Pita），很像希腊人制作的菲达奶酪（Feta Cheese）。土耳其人用没有经过高温消毒的新鲜羊奶，加入盐分制作成凝固的乳酪，再转化成多种形式——未成熟的凝乳或坚硬的固态，从而满足食物加工的各种需求。

另一种常见的乳酪叫 Kaşar，这种奶酪是一种“黄奶酪”，在希腊和土耳其两国食用极其普遍。Kaşar 同样是使用新鲜羊奶制作的，成熟的 Kaşar 可能要经过至少四个月的慢慢培育，才能造就独特的风味。在许多三明治里，肉排和蔬菜上放着的一片薄薄的黄奶酪，可能就是这种 Kaşar。

在土耳其，还流行一些形状奇特的乳酪。其中有一种，不像人们想象中的那种方方正正的乳酪样子，而是被卷成一个天津大麻花状。这种乳酪叫 Tel peyniri（编织奶酪）。土耳其人用两条富有弹性的乳酪，编成一条粗大的麻花辫儿，摆在商铺里出售。这种独特的制造方法来自土耳其安纳托利亚东北的亚美尼亚高原地区，亚美尼亚人最早发明了这种方法，并且随着他们的迁徙将其带到了土耳其、叙利亚等地。Chechil 就是这样一种典型的编织乳酪，它又叫“亚美尼亚乳酪”或“叙利亚乳酪”。放置在盐水里的乳酪通过化学反应慢慢变得柔韧，然后经匠人的巧手拉伸、延展、扭曲，艺术地变成了一个诱人的麻花儿，在俄罗斯的欧洲部分，许多啤酒馆里也能找到这种用来下酒的食物。

另一种奇怪的乳酪叫 Tulum，说它奇怪，是因为它的制作手法有点儿“重口”。传统的 Tulum 用的是高脂羊奶，加热到 30 摄氏度后酸化发酵，渐渐凝固。然后用刀切割，冷却、干化。接下来用一个木制的压模器具压上几小时，放入盐水中，静置24小时。次日，制酪人就开始最关键的一步，把乳酪糅合新鲜的羊奶捏碎塞进一个羊皮包里，两端束紧，挂在阴凉干燥处，在包上扎孔泄出残余的奶，静置六个月熟化。在熟化的过程中，我们可以看到地下室的架子上堆积着一大堆穿着“羊皮大衣”的“蚕茧”。这种奇怪的乳酪广受喜好羊肉味道的土耳其人的欢迎，尤其是安纳托利亚地区，随处可见。

土耳其虽然有琳琅满目的奶酪，但更受欢迎的，是另一种奶制品——酸奶。

在土耳其作家阿赫梅特·乌米特（Ahmet Ümit）的悬疑小说《逆神的爱》（*Patasana*）中，记载了这样一道“名字很奇怪的菜”，但是却被作家描述得很好吃，连书中对食物最为挑剔的角色都开始向制作人打听做法。这道菜的名字叫“酸奶炖”。

首先，你把大块的肉放进平锅里，接着你再放点儿鹰嘴豆进去，让它一直煮。之后，将洋葱和大蒜切成和你拇指第二节部分差不多大小，放进去。你将滤过的酸奶放到另一个容器里，接着加一个鸡蛋进去，搅拌均匀，然后开始煮。酸奶煮沸之后，将它加入第一个平锅里，搅拌。做好之后，你再撒一些薄荷、飘香红和黑胡椒，一切就大功告成了。

谁也不知道“飘香红”是什么香料，书中说是一种红色的香草，只是起到在菜表面做点缀的作用。这道菜的主角是酸奶，酸奶做成的汤汁，在肉汤的调和下，提升了肉的味道的层次，这种汤汁的做法其实在土耳其菜中十分普遍。

酸奶在土耳其不仅仅是一种零食，还是重要的调味品。这是古代世界里自印度而西传的“秘方”。印度人把酸奶叫作dahi，视之为圣洁之物。酸奶是经过乳酸菌发酵后的产物，可以作为进一步加工其他乳制品的基础。比如印度人就把酸奶搅拌、加热、脱水，制作成牛油，做咖喱，做炖菜，都少不了这种材料。一品脱牛油，简直支撑起了印度料理的根本。

而土耳其人更是把酸奶入菜做到了极致，英语中，把酸奶叫作yogurt，而这个词语的来源，就是土耳其语中的“酸奶”——yoğurt。在土耳其，酸奶首要的作用就是做成调味酱，比如一种风靡巴尔干半岛的名叫 Tarator 的酱，在土耳其就是配炸鱼和炸海鲜的妙物。酸奶加上一些坚果粉、面包屑和柠檬汁，再加入胡椒、大蒜、香草、盐等调味品，制作成一种带酸味的酱，配上炸得脆脆的鱼或贻贝，就好像配着炸鱿鱼圈吃的千岛酱一样。炸海鲜和酸味酱，大概是最好的搭档。

Tarator 在巴尔干半岛则是被做成一道汤，大约和中国人爱喝酸梅汤一样，巴尔干人拿这种汤作为夏季的消暑佳品，配上炒鱿鱼享用。而保加利亚人更有一番妙用，他们用这个酱搭配水果蔬菜制作沙拉，还给它取了一个诱人的名字——“白雪公主沙拉”。

夏日炎炎，酸奶确实是一个好选择，在原奥斯曼帝国的统治区域，广泛流行着一种解暑良方——用酸奶或稀释的酸奶，加上黄瓜、蒜、橄榄油、盐，淋上一点儿醋或青柠汁，用一点儿薄荷点缀，冰得凉凉的，作为一道小菜被端上桌，在享受丰盛的烤肉大餐前，先用这道 cacik 让酷热的心凉快下来。

酸奶也是做汤的好材料，一碗土耳其酸奶汤往往能洗去很多人旅途的疲惫。土耳其酸奶汤的名字叫 yayla çorbası，yayla 的意思就是“高原”。它的制作很简单——酸奶搭配上各种味道浓郁的植物如薄荷、香菜，抓入一把米，炖开即可。酸奶融入绿色的蔬菜中，真的一口能喝出高原干爽的味道。而另一种名叫 Tarhana 的汤料则更为新奇，它用的是酸奶再发酵的法子：酸奶和煮熟的蔬菜、盐、米混合，干燥以后再度发酵，做成汤料。这种汤料含有丰富的乳酸菌，加入水或酸奶再度炖煮，能获得更加酸爽的口感，一定是开胃的好伙伴。

酸奶的食用方法也可以更简单，现任土耳其总统埃尔多安曾极力推荐一款饮料作为土耳其的“国饮”——将酸奶和冰水、盐简单地混合起来，就可以做成一款以稀释酸奶作为主要原料的冰饮料，在夏季，这是烤肉的绝配。在土耳其，这款叫 Ayran 的饮料不仅仅在各处的餐厅制作出售，而且还做成了工业化生产的包装饮料，甚至国际化的快餐巨头麦当劳和汉堡王也“入乡随俗”，在他们的快餐中搭配出售 Ayran 以满足土耳其人的口味。

要说我最喜欢的，还是原原本本“返璞归真”的土耳其酸奶，用一个洁白如玉的碟子盛上一碟，略撒薄荷，如果觉得过酸，店家会递给你两包糖，搅拌一下，就是一道上好的开胃小品。古人把梅花开放的大片梅林叫作“香雪海”，在我看来，这撒了薄荷的酸奶，乳白如雪，芬芳如梅，可谓食中“香雪海”矣。

三、一碗好汤

一位朋友在群里说，她做成了一碗土耳其汤，一群人对着这个名字困惑了一阵儿后，“正主儿”发出了一张照片：白瓷碗里盛着充满富贵之气的糊状汤汁，明黄的颜色激发起了人无限的食欲，围绕着这位“黄袍加身”的“陛下”的，是焦香的烤三文鱼、青翠欲滴的沙拉和红艳艳的炒羊肉，外围是白色的米饭镇守着两路要道。横筷其上，大有睥睨江山的满足感。这真是一张有气味的照片。

出于好奇，打听了一下这道“皇家”浓汤的做法。半杯扁豆、一个马铃薯和半个洋葱，加上胡萝卜和西红柿，这些是土耳其随处可得的食材，当然，在朋友生活的日本，也是家常菜的标准配置。然而，这些食物丢进锅里以后，就会发生奇妙的变化——变软，并且可以用勺子慢慢搅成糊状，这时，再加入辣椒，倒入鸡汤调味。

在另一个锅里，另一场奇妙的变化也在进行着。一小块带盐的黄油在火焰的作用下慢慢融化，发出吱吱的脆响，一位不速之客——牛至的突然闯入，让黄油迸发了热情。两者热烈地“交谈”着，散发出了迷人的幽香。

两个锅里的反应产物被搅和到一起，如胶似漆地拥抱起来，黄油、马铃薯、扁豆等调和，一起为汤汁染出了贵族的颜色，最终，黄色的柠檬产生的汁液加入了它们，让其获得了微酸的口感。

这，大概是餐前最妙的开胃好汤了。

旅行在土耳其的日子，几乎每一次吃饭，先上来的必然是沙拉，和这样一道开胃的浓汤。正在悠然享用汤的时候，正餐就会被端上桌。土耳其人并不讲究所谓的严格前菜顺序，在沙拉和浓汤没有见底的时候，正餐就已经出现，这倒给了一个搭配的好机会——沙拉的清凉正好中和了烤肉的油腻，汤的浓稠也正好丰富了炒饭的口感。

土耳其汤中，起到画龙点睛作用的食材是扁豆。在土耳其，最流行的一道汤叫作 Mercimek Çorba，翻译过来就是扁豆汤。正如其上所说的做法一样，扁豆汤就是以扁豆为主料，加入洋葱、马铃薯、西红柿、胡萝卜、芹菜、香菜、南瓜等各种蔬菜，用蒜、橄榄油、醋等调味做成的汤。这种汤风靡自印度到欧洲的一大片土地，人们都疯狂地喜爱汤里泛出的天然豆香味，何况它是如此的多变——同样是糊状的豆子汤，加入酸奶、辣椒油、柠檬汁、橄榄油、香草……获得的味觉千变万化，正如一千个人眼中有一千个不一样的哈姆雷特，一千个人口中也可以有一千勺不一样的扁豆汤。

对扁豆的热爱，估计是来自地中海东部人民长期以来的味觉记忆。且不说古希腊的旧石器时代遗址就发现过扁豆的踪迹，也不说古代希腊的喜剧大师阿里斯托芬（Aristophanēs，约前 448—前 380）宣称扁豆是“最甜蜜的佳肴”，单是《圣经》中出现的那一碗红扁豆汤，就足以让遍布地中海地区的犹太人和基督教徒给扁豆赋予一定程度的神性。

在《圣经》的《创世记》第 25 章中，讲述了以东人的祖先以扫（Esau）和以色列人的祖先雅各（Jacob）的故事。以扫和雅各在娘胎中就开始争斗，上帝预言这两人未来将成为两族的祖先。有一天，以扫劳动归来，累得眼冒金星，此时，弟弟雅各正在熬汤，以扫就用长子的身份和雅各换了这一碗汤和面包。这一轻率的举动也埋下了日后兄弟反目的伏笔。这一碗让以扫放弃长子身份换来的汤，就是红扁豆汤。以扫因为喝了这碗红汤，所以就改名以东（Edom），意思就是“红”。

以扫出售自己的长子权利给雅各（荷兰画家亨德里克·特尔·布吕根绘于1627年）

无独有偶，土耳其料理中也有那么一碗红扁豆汤，它的名字叫Ezogelin Çorba。这款汤是从土耳其东南部靠近中东的区域传来的，或许真和《圣经》的故乡及犹太人有一些关系。土耳其人用碾碎的麦粒和红扁豆配合作为主料，搭配蒜、洋葱、西红柿等配料，用橄榄油、黄油、辣椒粉、黑胡椒、盐和柠檬调味，做成血色的红扁豆汤。它有着不同于黄色的扁豆汤的风味，当糊状的扁豆和各种配料包裹在小麦粒上时，可以营造出颗粒状的口感，增加汤的层次，这，大约也是中国人比较能习惯的一道土耳其浓汤。

豆能助肉味，在中国传统美食中，亦有黄豆炖肉的做法。豆子特有的香味和豆腥味能很好地与肉产生中和的作用，能在肉汤的沸腾中产生独特的化学反应，制作出一锅浓厚的好汤。

广阔的土耳其国土上，生长着许多植物，它们当然不会让扁豆专美于前。一种外形奇特的植物就准备和扁豆一决高低，它的名字威武雄壮——鹰嘴豆。

鹰嘴豆长了一副呆萌的样子：剥开绿得透亮的豆荚，暴露在眼前的是一颗虎头虎脑的豆子，满身凹凸不平的疙瘩，却在顶端长着一只鹰嘴，像嘲笑似的咧着：“愚蠢的人类，竟然还想吃我?！”

吃鹰嘴豆确实是件不容易的事情，中世纪的欧洲人采取的办法是把豆子在水里浸泡整整一晚上，泡软了以后到第二天再料理。即便是这样，也仅仅能缩短大约半个小时的烹调时间。煮鹰嘴豆简直是考验耐心的工作，先要用大火猛催10分钟，然后用小火慢慢煮熟，如果是干鹰嘴豆，甚至需要煮一到两个小时才能煮烂，难怪中世纪有些德国人索性拿它顶替咖啡豆，煮出豆汁来饮用。

地中海沿岸的人们最早向这种顽固的自然界生物发起了“攻击”，在土耳其、希腊等地的新石器时代遗址中，考古学者就已经发掘出了鹰嘴豆的残迹。今天的中东地区，从南面的埃及一直到北面的土耳其，都流行着一种名叫Hummus的食物。Hummus特指的是鹰嘴豆泥，名称源自阿拉伯语，中东人用鹰嘴豆、芝麻、柠檬、大蒜等当地俯拾可得的食材制作成糊状，用来搭配主食，中东最流行的皮塔饼（Pita），就可以抹上一层厚厚的Hummus，让干燥的饼充满豆子和芝麻的芳香。不同地区的人也可以在此基础上添加不同的风味，比如疯狂喜爱鹰嘴豆泥并将之作为“国菜”的以色列人用热的Hummus加入橄榄油、蒜泥、芝麻酱和孜然，而巴勒斯坦人则在其中加入辣椒、香菜、薄荷、孜然，或者倒入酸奶。风格各异的鹰嘴豆泥随着犹太和阿拉伯移民漂洋过海，在大西洋彼岸的美国也打开了一番天地。

中东的人们太喜欢鹰嘴豆了，就如中国人经常让乾隆、诸葛亮这样的名人成为美食招牌一样，中东人也让萨拉丁（就是电影《天国王朝》中的攻城者）等名人给鹰嘴豆代言。当然，事实证明，添加芝麻、柠檬等调料的鹰嘴豆泥Hummus最早是出现在13世纪出版于开罗的料理书中的，根本就不关生活在一个世纪之前的萨拉丁什么事儿。

对土耳其人来说，鹰嘴豆不只能做Hummus，还可以做汤。土耳其人的鹰嘴豆汤有个奇怪的名字，叫Analı Kızlı，意思是“妈妈和女儿”。这个名字可以和日本料理中的“亲子丼”组成一对儿。当然，土耳其的Analı Kızlı并不用鸡肉和鸡蛋，汤里的“母亲”指的是鹰嘴豆，“女儿”指的是小麦碎。比较起来，大颗的鹰嘴豆和小粒的小麦碎，还真的很像一对“强行配伍”结成“收养”关系的母女。这是一款来自土耳其南部和东南部的汤，这里正是考古意义上的鹰嘴豆的故乡。除了鹰嘴豆和小麦碎以外，一碗正宗的Analı Kızlı必须配上土耳其肉丸子和番茄，在红色的溢满豆香的汤中，有肉丸载浮载沉，这才能勾起人的食欲来。安纳托利亚中部的人则用当地高山上采摘的白甜菜，加上绿豆、鹰嘴豆，炖煮出有中部山地特色的浓汤。

用牛羊肉构筑起大半江山的土耳其料理世界，要做一碗最好的浓汤，最合适的主料除了扁豆、鹰嘴豆这样的天生能搭配肉香的豆子以外，大概要数牛杂和羊杂。要制作一碗好喝的羊杂汤并不容易，最好的选择就是出门喝。在我生活的这个城市里，有一条隐藏在闹市中的偏僻小巷，一家淳朴的小店出售上好的羊杂汤和拳头大的牛肉馅葱煎包。在硕大的煎锅里，整齐地码着一只只牛肉馅包子，抹上油，出锅前撒上一把葱花。牛肉包外表貌不惊人，点点葱花沾在面皮上，内敛着香味。底部煎得焦黄，只要一口，就能从齿间感受到焦皮断裂的那声“咔啦”脆响，包子精心包裹着的浓厚汤汁猛烈迸出。如此妙物，自然得配上一碗上好的羊杂汤。

在土耳其料理中，汤占有重要的地位。

羊肚腥膻，非重料不能掩盖，但有人就是喜欢这种热辣味道。羊肚下水后，辅以葱、蒜、香菜，淋上一勺羊尾油，端上桌来。汤面上还浮着点点油花，腾着丝丝热气，在天寒地冻的日子或阴雨绵绵的日子里，点上一碗羊杂汤，配上两只牛肉馅包子，既能果腹，也能发汗。一碗落肚，就觉得暖腾腾的气自丹田而起，一扫连日阴湿之苦。无怪乎这家不起眼儿的小店总是人头攒动，包子一出锅就被一抢而空。

如此美食，当然不是中国人的专利，羊杂或牛杂汤在希腊、塞尔维亚、克罗地亚等巴尔干半岛国家，捷克、保加利亚、匈牙利、波兰等东欧国家以及德国和土耳其都广受欢迎。土耳其版本的羊杂汤叫作 işkembe çorbası，名字来自波斯语，也许这一款料理是从波斯传入的。

说来也在情理之中，嗜好牛羊肉的民族，自然不能浪费了牛杂和羊杂这样的“妙物”。

土耳其人做羊杂汤，主料和中国小巷子里的那款基本相同——羊脸肉、羊胃、羊肠……但口味却大不相同。端上桌的土耳其羊杂汤是清汤，桌上摆着柠檬汁、盐和醋蒜汁，大家各自根据自己的口味倒入调味，DIY 出一款“个人定制”的羊杂汤。这款汤，往往是土耳其人的夜宵良品，当新年的钟声已经敲响，人们还陶醉在庆祝新年的狂欢中时，一碗热气腾腾的醒酒羊杂汤被端上桌，大家纷纷倒入调料，大快朵颐，驱除一夜的寒气，也驱除了往年的霉运。从 19 世纪开始，奥斯曼帝国统治下的土耳其人就如此迎接新年，直到今天。

一元复始，万象更新，喝过一碗好汤，带着满满的豪气，就开始一天的旅行吧。

四、Simit
——面包的香味

在伊斯坦布尔的两天格外清冷，土耳其人吐槽说：伊斯坦布尔的天气就像妹子的心情，一天变三次。我们不幸地遇上了它心情不好的一天。在罗马竞技广场上，细雨夹着风从侧面狠狠地扫在脸上，微微发疼，近在咫尺的方尖碑变得模糊起来。从蓝色清真寺走向圣索菲亚大教堂的路上，细雨变成了沥沥小雨，空气中带着金角湾的淡淡咸味。

在这冰冷的空气中，意外地有那么一丝芝麻烤熟的香味。循着味儿看去，在圣索菲亚教堂前的广场上摆着一辆小车，车身刷着醒目的红色。透过小车的玻璃，可以看到一大摞甜甜圈样的面包。焦圈儿色的饼面上撒满了芝麻，而芝麻之间露出了几道炫酷的纹路。这一个“甜甜圈”，似乎有那么一点儿哪吒的“乾坤圈”的风范。

伊斯坦布尔街头

说实话，在把这个土耳其“甜甜圈”放进

嘴里之前，我脑补了N种吃过的甜甜圈的口味，看外形，或许里面有一层诱人的巧克力，入口甜腻，或许在咬下的那一刹那，还会有巧克力酱缓慢流出。但入口以后，才发现之前的幻想真的只是幻想，这玩意儿竟然是——咸的！咸的玩意儿做成甜甜圈的样子！在还没喊出“异端”这两个字前，一股浓烈的香味已经让我把这两个字生生吞入肚里，经过了烘焙的芝麻被饼的热气蒸腾出异香，略带咸味的饼身带有柔韧的感觉，反复咀嚼，让芝麻颗粒在嘴里搅动，在齿颊之间留下一丝余味，这种香，胜过十条口香糖。

后来才知道，这个能在湿冷的空气中带来温暖的食物，名字叫Simit。

Simit的妙处，一在面，二在芝麻。

面，源自小麦，将小麦的籽实细细磨碎，制作成面粉，然后加入水，反复揉捏，做成面团，静置发酵，等候面团发生奇妙的变化，最后放置入烤窑中，面团经过适当高温的洗礼，外皮逐渐坚硬，包裹着柔软的内心。而Simit的制作者在揉制面团的时候，将面团巧妙地揉成一个环，环身是两股面团彼此缠绕，如中国人制作麻花时的那种智慧，使得Simit的成品具有更为强韧的口感。

芝麻，在中国古代被称为“胡麻”，相传为张骞通西域时从大宛带回，因此冠了一个“胡”字。值得一提的是，今天所说的胡麻油却并不是芝麻做的，而是亚麻籽榨制，胡麻这个名字在今天已经成为亚麻的代名词。芝麻，尤其黑芝麻，在传统医学中被认为有着抗衰老的功效，可以乌发、固齿，有着神秘色彩，用它做成一碗黑芝麻糊，入口香甜，余味袅袅。而白芝麻则是糕点的配偶，点缀在各类面包上，经过火的洗礼，含在芝麻中的油脂慢慢渗透到面团中，在开炉的一刹那，面的气息伴随着芝麻烤熟的味道夺门而出，弥漫到空气里，勾引着人的食欲。芝麻和面包的“婚姻”已经经历数千年，在古代埃及，芝麻和糕点已经开始结合。芝麻可以说是人类最早认识的油料作物。考古发掘的证据说明，在公元前3500—前3050年的人类遗迹中已经出现芝麻，而美索不达米亚和印度次大陆之间的芝麻贸易在公元前2000年已经出现。芝麻从印度河流域经由中亚传播到中国，而今天的学者认为，芝麻的东传有可能比张骞通西域的时代更早，它早已扎根到东方的饮食中。

深刻影响土耳其人味觉的伊斯兰教文明也有着对芝麻的传统爱好，他们一样认为芝麻是一种神秘的植物，特别是芝麻在成熟的时候，外壳突然迸裂成四瓣，芝麻粒从里面蹦跳出来，完成传宗接代的任务，阿拉伯人觉得这和蕴藏财富的宝库一样，在《一千零一夜》中，阿里巴巴就用“芝麻开门”的咒语打开了强盗的藏宝库。而这个故事的另一种说法来源于芝麻的名字。芝麻，英语称作“sesame”，源自古代埃及人的称呼“sesemt”，而阿拉伯语中也用类似的发音称其为“simsim”，和古阿拉伯语中的“肛门”（simma）音近，所以阿里巴巴和四十大盗的故事也被认为带有某种程度上的性暗示。

Simit这样的面团与芝麻结合的面包，是中东地区从古埃及开始一直延续下来的传统食物。

面包商店［载于15世纪初的《健康全书》（*Tacuinum Sanitatis*）］

Simit这样的面团与芝麻结合的面包，可以说是中东地区从古代埃及开始一直延续下来的传统食物。古代埃及是依靠“尼罗河的赠礼”而生存的，经常泛滥的尼罗河给两岸带来肥沃的土地，埃及人在上面种上了耐干旱的小麦。小麦的颗粒坚硬，必须要磨成粉状才能食用，古埃及人用带凹槽的石条和一块圆形的石头研磨小麦。埃及妇女跪在地上不停地推动这组笨重的工具，把小麦磨成粉末，其间还要经过几次筛选，筛出较大的颗粒继续研磨。研磨成的小麦粉加水以后就有了黏性，可以制作面团。或许就是某位埃及人把即将烘烤的面团忘记了，无意中发现了小麦面团有着发酵的属性，于是发酵面包在埃及普及开来。

对于古代埃及人来说，面包是生活的一部分，埃及人在公元前2000年就发明了烤面包的窑，他们用这种窑烤制面包，作为金字塔修筑者的食物。埃及法老出巡，也随身携带上万个面包供给法老本人和他庞大的随从队伍。然而如果是一个现代人穿越到古代埃及，要想品尝一下当时的面包，必须要有个前提——有一口好牙。古埃及人原始的研磨方式令制作面包的小麦粉混入了不少石粉，使得古埃及的面包充满了石臼或木杵残留的渣滓，入口三秒就硌牙是常见的事情，对木乃伊牙齿的研究早就证实了这一点。

小麦和面包从埃及和苏美尔人生活的美索不达米亚平原起源，经过了今天土耳其的安纳托利亚地区，向古代希腊和罗马地区传播。希腊人对面包这种食物做了改进，虽然希腊的土地更适合种植大麦，但希腊人宁可通过进口来获取制作面包的小麦，他们只在不得已的时候才用黑麦、谷子、斯佩尔特小麦来做替代品。而希腊人制作面包的时候，提倡把小麦精筛，去除掉表面的麸质，从而获得更细腻的白面粉以制作白面包。虽然他们已经知道未去除麸质或混杂着黑麦、燕麦等粗粉制作的面包更能促进肠胃蠕动从而有通便功效，但白面包的松软宜人仍然让希腊人欲罢不能。希腊人知道面包发酵与不发酵相比有着不同的风味，也知道在面粉里添加葡萄酒、牛奶、蜂蜜、橄榄油等液体和油脂去改变面包的味道。希腊人最喜欢的是在火盆里烘烤的面包，然后用这种面包卷着奶酪、葡萄干，甚至肉和鱼，蘸着酒下肚。

等一下！面包卷着东西？！这难道不是饼么？或者说，叫馕？

没错，这种火盆面包就是我们今天看到的饼，然而在古代希腊，人们还是把这种面做的东西归入“bread”的行列，今天的土耳其也是如此。

在安纳托利亚中部的卡帕多奇亚，走进一户岩洞中居住的人家，就发现室内的一张椅子上摆着这户人家为过冬准备的食物——一块华丽的布，包裹着一大摞薄饼，这种不发酵的饼在西方称为“扁面包”（Flatbread）。在天主教的文化语境中，这种不发酵的饼具有神性，据说耶稣在最后的晚餐中就把这种饼和葡萄酒分给门徒，食饼如食圣肉，饮酒如饮圣血。所以在天主教的仪式中，就保留了分饼和酒的习俗。

卡帕多奇亚的岩洞食物叫作 Yufka，这种“面包”源自一种黎凡特食物 Markook。黎凡特是中东区域的代名词，广义的黎凡特指包括土耳其、叙利亚、以色列、巴勒斯坦、埃及等地中海东部地区在内的广大区域，而狭义的黎凡特指的就是历史上的叙利亚地区，包括今天的叙利亚、约旦、以色列、巴勒斯坦、黎巴嫩等国，《圣经》中的耶稣故事就发生在这个区域。因此，在最后的晚餐中，耶稣和门徒分享的就是在古代黎凡特地区生活的犹太人常见的食物。这种 Markook 从古老的年代一直传承至今。

土耳其人制作 Yufka，往往是用一个向上凸起、长得像天文台屋顶的圆顶锅。这种锅叫作 Sac。小麦做成的面粉加水揉成面团，加入盐，摊平，放置 30 分钟，然后放到圆顶锅上烘烤，每一面烘烤 2—3 分钟，就可以出炉。成品的 Yufka 是一张直径大约 60 厘米的大饼，却只有 150—200 克重，薄可透光，饼身星罗棋布着因为烘烤不匀而产生的焦点。Yufka 会有不同的水分含量，比较

干燥的饼，土耳其人会喷上热水，然后用一块干净的布包裹住保持水分。

这块饼对生活在相对寒冷的卡帕多奇亚山区的居民来说具有非凡的意义，小麦具有能较长时间保存的特性，同时，小麦中富含的蛋白质能给人体提供营养，如果冬季肉食缺乏，Yufka 还真是最合适的充饥和补充御寒能量的食物。饼中含有的盐分能最大限度地激发出淀粉的甜度，当小麦富含的淀粉与人的唾液发生反应后，会在嘴里产生一种回甘，而这种甜，在咸味的衬托下会表现得更为明显。而裹上蔬菜、肉的 Yufka 更是让人难以抗拒，土耳其菜往往具有浓厚的酱汁，酱汁渗透的坚韧饼身配上清脆爽口的蔬菜和厚实的肉，这种混合的口感有难以形容的美妙，而饥饿的人更是抵御不了一口咬下的那种满满充实感。在安纳托利亚，比较常见的做法是把 Yufka 制作成 Gözleme，后者是一种

卡帕多奇亚的“仙人烟囱”与洞穴

用 Yufka 包裹各种食物制作成的饼。最传统的就是在刚摊开的面皮里包裹入菠菜、西芹等蔬菜和土耳其特产的白奶酪 Beyaz peynir，然后将裹好的饼放入圆顶烤炉，在高温中，奶酪融化，渗透入饼身和食物中，水乳交融，混合出绵密的口味。出炉以后，静置数分钟，切开装盘，色香味俱全。这种方便的食品广受土耳其人的欢迎，被列为早餐食物和街头食物之一。当代口味多样的土耳其人还对 Gözleme 做了大改进。传统的 Gözleme 包裹的是牛羊肉、海鱼、熏肉等肉类，土豆、山药、西芹、萝卜、菠菜、茄子、莴苣、洋葱、辣椒等蔬菜，牛肝菌、松露等菌类，并以各种奶酪或鸡蛋作为"中介物"制作酱汁。而新潮的土耳其吃法是在饼里包裹巧克力、核桃、香蕉、柠檬，制作成难以抵抗的甜品，一口咬下，浓浓的巧克力酱汁顺嘴而出。也有人用烟熏三文鱼和柠檬汁制作成豪华版的 Gözleme，口味透着浓浓的日系西餐风。

和 Yufka 类似的是一种叫 Lavash 的饼，这种饼源自亚美尼亚，广泛流传于土耳其、伊朗等地，所以又称"亚美尼亚面包"（Armenian flatbread）。这种面包或者说饼和 Yufka 的区别就在于形状。Lavash 是一种长圆形的饼，制作者先将面团擀开，然后放在手里反复旋转，如同杂技演员转花毯一般，在旋转的过程中，面皮变得越来越薄，最后，制作人会对薄如蝉翼的面皮做最后拉伸，然后贴到滚烫的炉壁上，不到一分钟，面皮就变成了一块脆薄饼，这样的饼，几乎能保存一年。亚美尼亚人在制作 Lavash 时，除了放盐，还会在面皮里加入芝麻和罂粟花，提升饼的风味。在土耳其，人们用加入水分以后变软的这种饼包裹烤肉和其他烤制的蔬菜，制作成 Dürüm——一种用饼包裹食物的街头料理。伊斯坦布尔的街头，就有许多人拿着一张薄饼卷着烤肉边走边啃，眼睛享受风景，胃享受温暖。这种吃法当然也是对亚美尼亚人传统吃法的改进，在亚美尼亚，Lavash 就是包裹着烤肉、奶酪、黄油享用。而亚美尼亚的教堂中，不出意外地，也使用这种不发酵饼来做圣餐。2014 年，Lavash 作为亚美尼亚的特色食物，被列入世界非物质文化遗产名录。

饼略作发酵也会变得很好吃。一种名叫 Bazlama 的饼也在土耳其广为流传，面粉、水、食盐、酵母，简单得不能再简单的原料，混合在一起，轻揉，成型，静置两到三小时发酵，分成 200 克左右的面团，压平，烤制，制作成 10—25 厘米直径、2 厘米厚的饼。这可以说是一种加厚版的 Yufka。很神奇地，和中国许多地方制作的烧饼有那么一点儿相似。这种口味的充饥食物想必是从人类最古老的文明之地——埃及和两河流域开始代代延续并且向东西两个方向传播的吧。

而更为普及的略发酵饼就是闻名遐迩的皮塔饼（Pita）。皮塔饼，又叫叙利亚面包或阿拉伯面包，很有可能是一种源自古代希腊世界的食物——因为 Pita 的名字很可能来源于希腊语。今天的皮塔饼往往是机器烘制，将烤炉提升到 200 多摄氏度的高温，在炉中的面饼会如成熟的豆荚一样打开，形成一个口袋的样子，在这个口袋里，土耳其人可以装他们最喜欢的烤肉和茄子，也可以装薯条、洋葱、番茄酱等做成西式快餐，更有一种独特吃法是直接将饼切成细丝，伴着鹰嘴豆泥等享用。在伊斯坦布尔等大城市，皮塔饼几乎是土耳其烤肉店的标准配置，许多烤肉店都会把做好的烤肉塞在这个口袋里出售——皮塔饼一物两用，既充当了食物，也充当了烤肉的包装。

在口味多元化的土耳其，除了 Platbread，发酵的面包或者 Simit 这样的面包圈也十分流行。这种口味的传承来自千年前的古代希腊罗马时代。古罗马的面包师们用精筛的白面粉，做出形状样式不同的各种面包，供应罗马各城市醉生梦死的居民们。在被火山“定型”的庞贝古城中，我们就能看到面包坊里堆积着各种诱人的面包。而在中世纪的阿拉伯帝国，许多菜都被和面包搭配起来，一场盛大的宴会，主人端上的面包种类越多，客人越高兴。“豪”如帝国的哈里发（阿拉伯帝国的最高君主和宗教领袖）则会给自己带来几十种选择作为一顿晚餐。今天的土耳其，发酵面包依然流行。在伊斯坦布尔的大街小巷里，一到清晨，商贩们就拉着面包开始售卖，土耳其人用面包、红茶和咖啡开始一天的生活。黄油发酵的面团里被加入盐、胡椒、八角、芝麻、罂粟籽、奶酪、番红花等形形色色的调味品，烘烤出口味各异的面包，大的、小的、圆的、扁的，琳琅满目，冲击视觉。据说古代阿拉伯人还用从碎棕榈叶、薰衣草、丁香、玫瑰花等物中提取的 12 种香料来调配出一种特殊的面包配方，面包的奢侈也到了极致。

从 16 世纪开始，伊斯坦布尔就有 Simit 广泛出售，不知道是不是从那个时候开始，土耳其商贩渐渐练成了一项绝技——他们能把数十上百只 Simit 层层叠叠摞起来，顶在头上，在保持一种惊险的平衡的同时沿街叫卖。他们一路高喊着“Taze simit！”（意思是“新鲜的 Simit”）或者“El yakıyor！”（意思是“热得烫手！”），客人从他们头顶取得食物，成为伊斯坦布尔的一道独特风景。

而在伊斯兰教传统的节日里，土耳其人也少不了 Simit。伊斯兰教历中，有五个圣日，称为卡迪尔（Kandil），对应的是先知穆罕默德出生、接受神启、登霄等重要纪念日。在每一个圣日，土耳其人做好 Simit，分享给家人和邻居，称为“Kandil simidi”，在这一刻，Simit 是节日里维系人与人关系的纽带。

在人类看来，小麦制作的饼或面包是神对胃的恩赐。因为有了小麦，人类的世界才得以延续。古埃及人将赐予人小麦的丰饶女神伊西斯（Isis）刻在他们不朽的神庙中。古希腊人则将谷物女神得墨忒耳（Demeter）奉为小麦的赐予者。在神话中，她的女儿帕耳塞福涅（Persephone）被冥王劫走为妻，她的怒火让大地荒芜，人类陷入饥饿，直到主神宙斯和冥王哈迪斯做出让步，大地才重现生机。因此，人们把得墨忒耳描绘成一个手持麦穗的女神的形象。从东方到西方，小麦给予了人们温饱和营养，饼和面包永远受到歌颂和赞扬。

The Tastes of Turkey

2

主角：肉

一、香料传奇
——帝国的垄断

有一部描述古罗马古城庞贝的纪录片，报道了一家在庞贝附近营业的餐厅。这家餐厅的卖点是还原古罗马时代的食物。当然，过去的味道有些可以还原，有些则再也找不回来了。至少，对于古罗马这个时代是如此。

之所以这样说，是因为有一味古罗马时代盛行的香料如今已经难寻踪迹了，这味香料的名字叫 Silphium，中文一般翻译为“罗盘草”。

在美剧《斯巴达克斯》中，掌握角斗士的奴隶主巴蒂阿塔斯（Batiatus）曾和手下的女奴发生关系，而夫人露迪亚（Lucertia）就不断强迫曾和丈夫发生过关系的女奴喝下用罗盘草煎的药。自古希腊医学学者希波克拉底（Hippocratēs，约前 460—前 377）推崇这种草的作用以来，希腊罗马时代的人们一直确信它具有治疗咽喉肿痛、发烧、消化不良等各种疾病的功效，而人们最为确信的是罗盘草具有避孕或堕胎的功能，在没有杜蕾斯的古代罗马，这种草就被广泛用作避孕药。这种药有效果么？今天我们已经不得而知，不过要知道，哪怕是今天最好的口服避孕药，也有一定的“中枪”的概率。古罗马人吞了这香料就去啪啪啪，也是心大。

除了药用作用以外，古罗马人的饮食中也少不了这种植物香料。一般推测这种植物是阿魏属的植物，阿魏在今天的印度料理中也有应用，而许多钓鱼的人也拿这种植物的树脂分泌物做鱼饵——它能散发出一种很奇怪的臭味。据说食物里加入罗盘草，能产生一种大蒜的味道，这倒是和阿魏的特性相吻合，然而在吃完以后，绝对不会如大蒜一样在嘴里留下气味痕迹。当然，学者们并不能确定罗盘草的科属，阿魏属只是一种推测，因为古代流传下来的资料能提供的信息太少了。

罗盘草的主要产地在非洲北部的昔兰尼加（Cyrenaica），当地居民以此为傲，大量采摘并出口。历史学者认为，这种没有人工种植的植物就是因为这样很快陷入灭绝的，当然，灭绝也有可能和北非一带的沙漠化有密切关系。根据古罗马的博物学学者普林尼的记载，到公元 1 世纪的时候，这种植物已经难觅踪迹，当时有人在昔兰尼加找到了这种植物，当作新奇之物献给了罗马皇帝尼禄（Nero，37—68），大约罗马的暴君尼禄就是历史上最后享用这种香料的人吧。当然，今天的植物学学者们也认为，也许人类只是不能确定古罗马人记录的这种植物究竟属于什么种属，因此才只好认定它灭绝了。

古罗马以弗所城遗址

从有关罗盘草的记录看，古罗马人似乎有着重口味。当然，除了罗盘草以外，另一种古罗马人用的知名调味料鱼酱也是重口味。一种对鱼酱的典型误解是“罗马人吃腐败的食物”。没错，罗马的鱼酱是用鳀鱼这样的小型海鱼或海虾浸泡到盐水里，发酵两到三个月，过滤以后制作完成的。也有把鳀鱼去除内脏，加上盐和香料腌制，发酵半年以上的制作方法。纯正的罗马鱼酱是漂亮的金色液体，咸到忧伤，带着海味，只要一点点就可以提升菜的味道，而绝对没有许多人想象中的那种海产品腐烂后的腐臭味。当然，更重口味的做法是把鳀鱼等海鱼用盐腌制以后曝晒到腐败，然后用香草提味，煮熟装瓶。地中海区域的沉船中发现的罗马双耳细颈壶中有许多鱼酱结晶体，经过分析就能揣摩出这种重口味调味品的做法。

这种鱼酱沿袭到今天就是鱼露，这种提鲜的调味品曾广泛出现在地中海沿岸，东方的中国、日本、朝鲜半岛也有类似的调味品。

鱼酱的制作方法决定了其生产工厂要近海，而且避免设在人口聚居区域。庞贝古城的鱼酱工厂就位于郊区，城市里的罗马人虽然人人喜欢鱼酱，但并不是人人都受得了制作鱼酱时发出的那股浓烈的味道。一个比较极端的例子就是一种瑞典的鱼罐头，名叫 Surströmming，是瑞典人用鲱鱼在盐水里腌制，然后置于太阳下曝晒发酵所制作成的罐头。这种罐头绝对不能在室内打开，否则顶风臭十里，不怕的人有机会可以尝试一下。对了，之前有个因为这个罐头“牺牲”的人，就是玉木宏（参见日剧《首席播报员》）。

鱼酱和罗盘草一样，对古罗马人意义重大。古罗马的阿庇吉乌斯（Apicius）在他的《论烹饪》（*Roman Cookery*）里记载了两道肉菜，都要用到鱼酱。首先是烤鸡：烤成棕色的鸡浸入鱼酱和橄榄油混合的调味料里，加入莳萝、韭葱、香薄荷、香菜等调料，烹烧至熟，装盘后浇上浓稠的葡萄汁，撒上胡椒粉，即可食用。另一道是杏炖肉丁：鱼酱和橄榄油、酒用来炖煮用干葱煨制过的排骨，再加入烹制好的肩肉，另取胡椒、茴香、干薄荷、莳萝，用蜂蜜、鱼酱、葡萄酒、醋等润湿搅拌，加入去核的杏肉煮熟，用点儿糕饼碎末将之凝固，撒上胡椒。

这两道菜中，除了罗马人喜爱的鱼酱以外，还有制作肉类必不可少的胡椒，没错，香料！英文写作 Spice。在欧洲，香料是特指，并不是所有可以发出香味的东西都有资格叫作 Spice，而是专指那些来自亚洲热带、亚热带区域的植物中提取的各种有强烈味道的植物性物质，被广泛用于调味、防腐等。自希腊罗马时代开始，欧洲人对胡椒、肉豆蔻、桂皮、生姜等香料的追求一直没有停止。有首俄罗斯歌曲是这样唱的："买四个萝卜切吧切吧剁了，加四块豆腐你就咕嘟咕嘟吧，没花椒大料你就滴上几滴醋吧，酸不拉叽就一起喝了吧。"（以上纯属恶搞）但如果真的没有胡椒之类的香料，对欧洲人来说，可不是几滴醋能解决的问题。时间翻到欧洲的中世纪时期，那个时代的贵族们简直是以"吞"的速度在消耗香料——15 世纪的英国白金汉公爵汉弗莱·斯塔福德（Humphrey Stafford, 1st Duke of Buckingham，1402—1460）及其家族在一年中吃掉了 316 磅胡椒、194 磅生姜及其他各种香料，这种惊人的消耗量显然不是仅仅作为调味品可以解释的。

缘何欧洲人如此喜欢香料？一种比较流行的说法是用于掩盖肉本身的味道。很多人认为罗马人用罗盘草和鱼酱的目的也在于此，至于胡椒更是满足了罗马人的需求。18 世纪的欧洲学者相信他们的祖先都吃得很不好，想象一下，在地中海的温暖气候下，古代罗马的恺撒、屋大维们，中世纪的佛罗伦萨美第奇家族、教皇、西班牙哈布斯堡家族等知名贵族们都在大快朵颐，但他们储藏的大量食物正在温暖中逐渐腐败，特别是各种肉类，在烹饪前已经发出腐臭的气息。厨师为了掩盖这种气味，一大把一大把地往锅子里放香料，然后端上主人的餐桌。而更北面的法国、德意志、英格兰等地，那些老爷们在炎热的夏天也吃得好不到哪里去。听起来，似乎香料成了古代到中世纪的"黑厨"制作黑暗料理的帮凶。

然而今天有更多的研究显示，这种香料帮助掩盖味道的说法并不确切。贵族老爷们享用的香料贵到吓死人，如果仅仅是用来掩盖腐肉的味道，那也太奢侈了，因为新鲜肉类的价格远远低于香料。事实证明，欧洲贵族们追求香料的目的只有一个——享受。

阿庇吉乌斯书中罗马人烹饪的样子（出版于1709年）

香料其实更多的是在冬季而不是在食物易腐败的夏季使用。头疼食物腐败这个事情是面朝地背朝天的农民们才要关心的事情。而贵族老爷们只关心他们在入冬前屠宰并用盐腌制的那一大堆过冬的肉怎么做才好吃。毕竟，吃过咸肉的人都知道，这玩意儿虽然鲜，但是咸到打死卖盐的，在烹饪的过程中，必须想办法调剂咸味。欧洲人的办法就是用香料来增加口味的多样性，而且香料本身的气味也能促进食欲。

同时，香料对于古代和中世纪的欧洲人还有另一层意义。在发现美洲以前，欧洲人的餐桌上蔬果也十分贫乏：西红柿？对不起，这个没有！土豆？对不起，这个没有！玉米，这个可以有吧？对不起，这个真没有！你的选择只有洋葱、大豆、韭菜、萝卜……这些还被贵族认为是穷人吃的玩意儿——是贵族就该吃肉！而香料就给了贵族老爷们一种多元化的饮食选择，至少从现代营养学的角度看，帮助贵族老爷们摄取了一些肉里面缺乏的营养。另外，欧洲传统上每年还有那么一些不能吃肉的斋戒日（比如四旬节、周五等），在漫长的斋戒期间，唯一的肉类就是鱼——河塘里捞起来的带有泥腥味儿的河鱼以及从海边运来的腌制的海鱼干，无论哪种鱼，在欧洲的贵族老爷们看来都非得用点儿香料加工后，才可以下咽。何况如胡椒、生姜、肉豆蔻等香料在欧洲传统意识中被认为具有“干”和“热”的特性，与他们一般认为的蔬菜水果的“湿”和“凉”完全相反，而后者被认为多吃会损害健康（虽然从现代医学角度看这个说法荒诞不经）。

这种认为香料性属“干”和“热”的观念也使香料有了盐一样的作用——储存食物。用香料能保持食物不被湿气所腐蚀，从而最大限度地保证制作完的食物的新鲜度。至少以前的欧洲人是这样认为的，而这种属性还被欧洲人用于医学。古希腊医学学者希波克拉底的四体液理论在欧洲盛行一时，希波克拉底认为人体由血液、黏液、黄胆汁、黑胆汁四种体液组成，人如果实现四种体液的平衡，就可以保持健康。而罗马时代的医学家盖伦（Claudius Galen，约129—200）发展了这一学说，将四种体液与热、冷、干、湿四种要素结合起来，发展了一套影响了欧洲十多个世纪的医学理论。而中世纪的伊斯兰医学也是在此基础上建立的，波斯医学家阿维森纳（Avicenna，980—1037）就主张要认识疾病的干、湿、冷、热，并反其道而攻之，他的著作《医典》也流传欧洲，被欧洲的医学院作为教材。香料因为具有“干”和“热”的属性就作为药材被利用起来，欧洲人一旦喝了冷水或者觉得胃寒，就拿肉豆蔻、高良姜等香料对付。而许多香料商人也因此和医生勾结起来坑蒙拐骗。更有甚者，欧洲人还拿香料催情。欧洲人相信香料有春药的作用，不仅仅是因为在闺房里燃起香料能给人一种温馨的欲望，更重要的是香料本身的因素——欧洲人相信“热”和“干”

能增加情欲但又会降低生殖力，也有可能和胡椒、生姜等香料带来的血液循环加快造成的错觉有关。有些欧洲人甚至还盲目地相信一些来自东方的奇怪传说，提出将胡椒、高良姜等香料粉碎以后混合薰衣草、麝香、蜂蜜之类的东西涂抹在关键部位，就可以起到如万艾可一样的功效，且不说效果是否真实，光那种酸爽的感觉就够人龇牙咧嘴好一阵子了。

香料，因为其气味、其味道、其功用，在欧洲风靡一时。欧洲人如患强迫症一样在任何一种食物里添加香料，甚至连酒都要添加香料。的确，在没有玻璃瓶和软木塞密封技术的中世纪欧洲，酿出的葡萄酒都是封在大木桶里的，一旦木桶密封不严，葡萄酒就可能氧化，变为“葡萄醋”。欧洲人的补救办法就是往酒里添加香料，制作成香料酒，延长酒的存放期限，同时和香料一起添加进去的蜂蜜等物质改变了酒的口味，即便是略微“变坏”的酒也暂时变得可以接受。对付更容易坏的麦芽酒也是如此。

当然，享受香料不是欧洲人的专利，东方的中国人也同样痴迷。13 世纪来到中国的欧洲旅行家马可·波罗（Marco Polo，约 1254—1324）曾如是记载他眼中的杭州城：“行在城每日所食胡椒四十四担，而每担合二百二十三磅也。”而马可·波罗同时也提到了“刺桐港”（即今泉州）有大量的胡椒输入，对于同时代的欧洲人来说，这个数量的胡椒消费是非常惊人的。元朝统治下的中国，其市场容纳能力和航海能力远非欧洲各国所能比拟，尤其是元朝政府取消了南宋因防止铜钱外流而抑制胡椒进口的政策，使得大批的香料由当时的伊斯兰商人输送到了中国沿海港口。

胡椒是最典型的一种香料，唐朝的时候就大批进口，《酉阳杂俎》中说唐朝人“作胡盘肉食皆用之”，只要做外来的菜肴，就一定少不了它。胡椒的浆果发酵晒干后就能制作成黑胡椒，而泡脱表皮以后，还能制得白胡椒，以满足不同的需求。当然，并不是说胡椒在东方就不代表财富，唐朝的一位宰相元载被贬籍没家产时，他家囤积的八百担胡椒就成为他穷奢极欲的象征。

马可·波罗认为到达刺桐的胡椒是从埃及的亚历山大港而来，这只是一个欧洲人的惯性思维而已。欧洲的香料，大多来自中东地区，然而这个区域只是一个中转站。香料并不产于中东，大部分的香料都产自热带植物——胡椒、肉豆蔻、制作桂皮的桂树都是在亚洲的热带或亚热带地区生长的，印度、苏门答腊、中南半岛、斯里兰卡等地区是香料的主要来源地。比如胡椒，最初生长于缅甸和阿萨姆，然后转入印度、中南半岛和印度尼西亚。从这些胡椒生长地，胡椒跟随着商人的船舶四处扩散。这也就是西欧人后来对东方的“香料群岛”孜孜以求的原因。

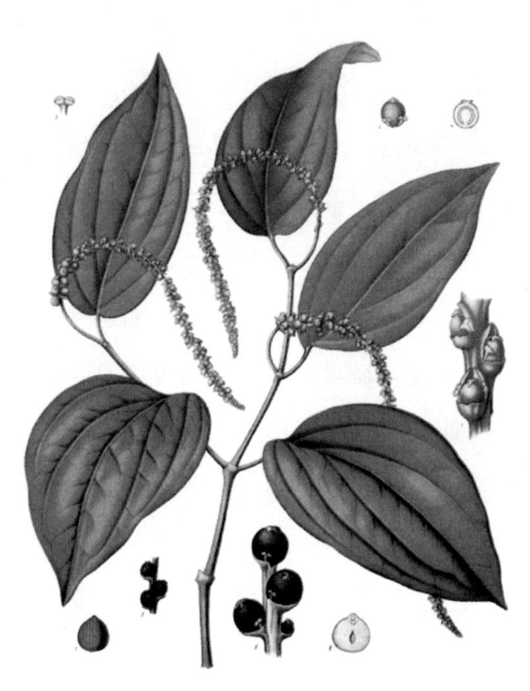

在欧洲，并不是所有可以散发香味的植物都能称作香料。香料专指自亚洲的植物中提取的被广泛用于调味、防腐的物质。

香料的西传，如同今天的石油运输一样，要经过世界上最繁忙的水路之一——马六甲海峡。只不过今天的石油是自海峡西面向东运，而香料则是自海峡东面向西运。肉豆蔻、丁香等香料从原产地摩鹿加群岛（Moluccas）经苏门答腊穿越马六甲海峡后到达印度。而印度本土也出产胡椒、肉桂等香料，它们都在印度等待着西运。阿拉伯半岛活跃的商人垄断了印度洋的航线，他们每年在印度西海岸和阿拉伯半岛之间有规律地利用印度洋上的西南季风往返——夏季的西南风把他们从阿拉伯半岛吹到印度，冬季的东北风把他们载回去，带走了香料。这些香料再经红海北上，到达西方世界的集散地——埃及的亚历山大港，运往欧洲。

另一条道路就是陆路，从印度、中国到西方罗马的道路很早就存在，从这条道路运出去的不仅仅只有香料，还有东方的丝绸等。由于香料是这条漫长的古代通道上最容易储存的物质之一，所以也成为大宗交易的热门货物。从印度到西方的香料之路源远流长，在公元前1000多年的时候，埃及已经有了印度来的胡椒，而到了希腊罗马时代，香料贸易网基本已经形成。罗马人花费大量的金银从印度等地输入香料，形成了惊人的贸易逆差。

而自阿拉伯帝国崛起以后，阿拉伯半岛西岸的香料集散地就落入了阿拉伯人之手。西欧国家最接近香料的时间是在十字军东征期间，为了夺回圣地耶路撒冷，同时在罗马教廷的所谓“东方处处是黄金和香料”的言论蛊惑下，欧洲的十字军一次又一次地发起对近东地区的进攻，并在地中海东岸长期盘踞，和拜占庭帝国、阿拉伯人争夺对近东一带的贸易控制权。十字军很大程度上和经济挂钩，如第四次十字军东征，威尼斯总督恩里克·丹多洛对君士坦丁堡的进攻，和威尼斯与拜占庭之间对地中海东部区域的贸易主导权争夺密切相关。其中，香料贸易占据了很大的份额。

中世纪时代后期的香料贸易把握在意大利航海城邦威尼斯和热那亚手中。香料从遥远的东方集中到印度的香料市场，由阿拉伯人运载到红海的巴士拉、马斯喀特、吉达等港口，然后被骆驼载到黎凡特和亚历山大港，这个时候，香料才被运到欧洲人手里。除了小部分从拜占庭和黑海穿越多瑙河的香料以外，大部分香料是威尼斯或热那亚商人从亚历山大和黎凡特运出，穿越地中海，送到意大利，再翻越阿尔卑斯山北上法国和德意志，或者通过直布罗陀海峡运送到里斯本、伦敦、安特卫普等地，最后摆上欧洲贵族的餐桌的。

十字军时代的结束和奥斯曼帝国的兴起再度改变了近东区域的政治经济

格局。奥斯曼帝国在1453年占领君士坦丁堡并消灭拜占庭以后，逐渐开始接收拜占庭在极盛时期的地盘。16世纪的奥斯曼帝国扩张到了阿拉伯半岛，很快控制了红海沿岸并侵占了埃及，从此，奥斯曼帝国成为横亘在东西方之间的不可逾越的障碍。另一方面，土耳其人不仅仅在陆地上所向披靡，其海军也横行地中海，以阿尔及利亚为主要基地的土耳其海盗“巴巴罗萨”海雷丁（Barbaros Hayreddin Paşa，1478—1546）在16世纪前50年中四处出击，成为昔日在东地中海占据贸易垄断地位的热那亚、威尼斯等意大利商人的最大威胁。

海雷丁雕像

在许多传统欧洲史学的论述中，奥斯曼帝国的崛起和欧洲对香料的孜孜追求成为欧洲人希冀开辟通向东方的新航路并拉开大航海时代序幕的原因。1497年7月，葡萄牙国王派遣达·伽马（Vasco da Gama，约1469—1524）率领四艘船只从里斯本出发，绕过非洲南端的好望角，在印度洋一路向北，最终抵达了当时世界的香料贸易中心——印度的马拉巴尔（Malabar）。他满载胡椒而归，震惊了欧洲。葡萄牙国王随后在1500年3月再度派遣卡伯拉尔（Pedro Álvares Cabral，1467—1520）沿着达·伽马的航线前往印度。葡萄牙人这一次航行不但发现了巴西和马达加斯加岛，也凭借武力开始尝试在印度开辟贸易据点。装备了大炮的葡萄牙舰队和摩尔人（葡萄牙人所指的“摩尔人”指所有非欧洲的穆斯林）商队发生了激烈冲突，他们用尽一切办法把摩尔人这一商业对手从印度海岸排挤了出去。最终，葡萄牙人于 16 世纪初在印度洋获得了香料的商业霸权。

从这个意义上说，实际上葡萄牙人打破的并非奥斯曼帝国的香料商业垄断，而是意大利人的垄断。葡萄牙人在印度的经营正和奥斯曼人在地中海东部狂飙突进并且与西班牙、意大利等欧洲商业势力争夺地中海海上霸权处于同一时期。葡萄牙人的举动，使欧洲的香料集散中心从威尼斯等意大利城邦转移到了伊比利亚半岛，这对从黎凡特购买香料并高价转运欧洲的威尼斯人来说是一次致命的打击。然而威尼斯人也有自己的优势，至少到 1560 年期间，他们仍然能从亚历山大获取足够的香料，因为他们的路途比葡萄牙人远绕好望角要近得多，而地中海的大船所能载回的也比冒更大航海风险的葡萄牙船能载回的多得多。

麦哲伦的环球航行进一步让世界联结为一个整体，荷兰和英国的随后崛起使贸易的近代化伴随着殖民统治的脚步扩展，香料在欧洲人眼中终于渐渐摆脱了原本的神秘，到今天，香料已经成为一件平常的东西。

最后一个问题：在土耳其、黎凡特等近东伊斯兰教地区，香料也同等重要么？在今天的伊斯坦布尔，有一个名叫 Spice Bazaar 的地方，意思就是“香料市场”。这个市场建于 17 世纪，是土耳其帝国用埃及人的进口税修建的，所以又叫“埃及市场”，市场里摆满了琳琅满目的各种香料，处处充盈着一种迷人的香味。在伊斯兰教饮食中，香料也占据了重要的地位。早期阿拉伯帝国的饮食更多地模仿波斯宫廷菜，在肉和蔬菜中加入胡椒、乳香、茴香、肉桂等香料调味的方式十分普遍，这种料理方式流传于伊斯兰世界中，延续至今，深远影响着今天的土耳其料理。毕竟，处在东西方之间的伊斯兰世界，是东方香料西传的中介者。

正是因为如此，我们追溯香料的历史，对于理解土耳其料理有着极大的意义。

二、烤肉之宗
——kebap

四大名著，最容易看饿的是哪一本？是《水浒传》！不信，翻开《水浒传》，从头到尾，各路好汉都在大啖牛肉，走进店里，第一句话就是“切三斤肥牛肉”。除了孙二娘家十字坡酒店的招牌菜以外，其他多少都能勾起人三分食欲来。

在帕慕克恰莱（Pamukkale），遥望远处在阳光下闪耀得刺眼的白色棉花堡，闻着浓郁的烤肉气息的时候，我心里确实是想到了那句豪气干云的“来啊，上三斤肥牛肉”。只是土耳其人民的烤肉，比《水浒传》的好汉们还要豪气干云。

在铁制的灶台上竖立着一根支柱，支柱上裹着一大团肉。没错！全是肉的大肉团，并不掺入任何“杂质”！能用“壮观”来形容的大肉团！灶台的一侧是竖起的如窗棂一样的烤炉，大肉团正在支柱上旋转，均匀地接受烤炉的热量，并且正在慢慢变色，释放出肉的力量。而烤肉的土耳其厨师，手持一把尖端略弯的长刀，如雕琢艺术品一样，从这一团烤肉上细细地片下一片片如蝉翼一般的肉片，拌入米饭，提供给取用自助餐的人们。

这种气势磅礴的烤肉，味道也是与众不同。它不似巴西烤肉一般充满了诱人的肉汁，一口咬下，油汁四溅，相反，却带有风干肉的独特韧劲，口感也颇为新奇，既有羊肉那微微的膻味，也有鸡肉紧致的劲道，还带有浓浓的香料气息，尤其是配合米饭食用味道极佳。土耳其人从来不做单纯的米饭，稻米这种食材，在土耳其会被做成 Pilav，这种米饭据说是起源于印度，记载于印度的史诗《摩诃婆罗多》中，所以，Pilav这个名字被认为是来自古印度语和梵语中的“Pulao”或“Pallao”。在伊朗、南高加索的原苏联各加盟共和国及中东地区，这种米饭和肉混合的吃法十分普及，连希腊人都认为是亚历山大大帝从征服的亚洲领土带回了这种烹饪法。土耳其人的做法是先浸泡和蒸熟生米，然后用牛油煎炒米饭，加入切碎的洋葱，最后倒进牛肉清汤，收汁，加入羊肉等混杂食用。吸收了牛油和牛肉汤的米饭和肉混成完美的口味搭配，炒制的米饭粒粒分明，在这种炒饭热力的裹挟下，肉的潜能被进一步激发出来，而洋葱和烤肉香料可谓相得益彰，这可是用熟饭制作的中华炒饭所没有的一种异国情调。

土耳其烤肉

啊！最重要的事儿必须说明：这种激起人无限欲望的烤肉名字叫——Döner kebap（旋转烤肉）。

走在土耳其的大街上，往往会猝不及防地被烤肉的香味“袭击”，而且，烤肉的汉子们大多相貌端正，绝对没有《水浒传》里切臊子的郑屠那种风格的长相，充分切合了周星驰《食神》的教诲：“作为一个厨师，要充分考虑食客的心情。”

土耳其的烤肉用的一般是羊肉，这是土耳其人的祖先过游牧生活时的“随身”食材。对于游牧于亚欧大陆中部的浩瀚草原上的民族来说，羊是最适合食用的动物——性情温驯，便于饲养，可以跟随着放牧的民众和军队逐水草而居。一只羊可以供两到三个成人食用，而200只左右的羊群就可以养活一个游牧家庭。而羊群只要有公羊在就可以随之移动，所以，牧民通过阉割控制住公羊的数量，就可以实现有效管理，简直没有比羊更方便养殖和食用的动物了。

带有烤鸡肉的Pilav炒饭

不仅在草原游牧群体中，即便是在中国古代的农耕社会中，羊肉也曾是最受欢迎的肉食。唐宋时期，羊肉在肉类人气排行榜上名列第一，鱼、鸡、牛、猪等皆不能与之比拟。宋朝诗人张耒曾写道：“寒羊肉如膏，江鱼如切玉。肥兔与奔鹑，日夕悬庖屋。”

烤羊腿

把如膏的羊肉赫然放在第一位。苏东坡也曾在给弟弟苏辙的诗中记录说："秦烹惟羊羹，陇馔有熊腊。"这里的羊羹可不是老北京的那种方方正正的甜点，而是实打实的用羊肉做的羹汤。在中华文明发源于兹的三秦大地，很早就拿羊肉做起了热腾腾的羹汤，而今天，羊肉泡馍依然风靡三秦之地。

除了羊肉以外，牛肉也是经常出现在烤肉中的肉类。在古代农耕社会，由于牛是农业重要劳动力的关系，对吃牛肉的行为严加限制，而游牧民也甚少使用牛肉作为食材，原因是养牛吃肉实在太不划算了，一头牛吃下去的饲料，只有很少一部分能转化成热量和蛋白质，相比羊来说，牛肉的成本要贵不少。在欧洲，牛肉在相当长一段时间内是贵族的一种奢侈食物。

鸡肉亦是常见的被烤对象。鸡，最早只是作为蛋禽或观赏用鸟，人们或培养斗鸡用作娱乐，或培育报晓鸡作为实用。但鸡肉的鲜美很快就被人们发现，中国古代的农家常以之待客，就是陆游所说的"莫笑农家腊酒浑，丰年留客足鸡豚"。但鸡肉有一个缺点就是容易腐败，所以宰后必须在短时间内立刻烹调。直到近代出现冷藏技术和工业饲养以后，鸡肉才慢慢普及。一只鸡只需要两三个月就可以长到可供食用的个头儿，周期短，能量转化率高，肉质好，成本低廉，深得全世界人民的一致喜爱。

Döner kebap 的制法充满着豪气——大片切得薄薄的羊肉在硕大的转子上围绕着杆子一层一层地叠上去，中间偶尔叠入一些肉类的油脂片，有些厨师会把牛羊肉和鸡肉混杂以获得更丰富的口感。紧压过后变成一根巨形棍子的烤肉架靠近灼热的烤炉缓慢转动，油脂渐渐渗入肉中，使层层叠叠的肉片慢慢随着温度紧密结合起来，最终变成一卷散发着香味的厚实肉卷。

从某种意义上来说，Döner kebap 应该就是一卷巨大版的串儿。在土耳其语中，"Döner"的意思就是旋转烤制。烤，几乎是人类最早诞生的一种烹调方法，原始社会，人类猎取到大型动物，就是放置在架子上熏烤。土耳其人这样的游牧出身的民族把这种烹调方法发挥到了极致。在18世纪的时候，奥斯曼帝国位于安纳托利亚的埃尔祖鲁姆（Erzurum）行省一带开始流行一种名叫“Cağ Kebabı”的烤肉法，把用酸奶、黑胡椒和洋葱等腌制的羊肉穿成串儿，然后放到火上旋转着烤。这种烤肉法迅速风靡，在土耳其帝国的原首都布尔萨（Bursa）掀起了一股热潮。到19世纪，一个名叫İskender Efendi的人宣称他和他的祖父发明了一种垂直烤肉法，完全不同于之前的那种水平式。这被认为是Döner kebap的起源。在布尔萨，从Döner kebap上切下的肉往往被制作成İskender kebap，切成片的肉铺在碾碎的面饼和酸奶或奶酪上，浇上番茄汁和烧热的黄油，刺啦一声，就凑成一道色香味俱全的肉菜，以致敬为人们带来欢乐的İskender先生。

在土耳其，Döner kebap是招牌菜和百搭子。几乎每一家烤肉餐厅都竖立着高高的Döner架子，切下的肉，只要配合一些烤辣椒和西红柿，就可以制作成一道土耳其菜——“Porsiyon”，与土耳其炒饭更是绝妙的搭配。裹在面包里也是异常的美味。除了用馕饼裹成Dürüm以外，土耳其人还喜欢把它制作成汉堡：两片烤得表皮酥脆、内芯柔软的香甜面包加上香料味儿十足的烤肉，配一点儿小蔬菜为点缀，土耳其人亲切地称呼它为“胖子”（gobit），这玩意儿比美式快餐店的汉堡不知道要好吃到哪里去了！

对于许多人来说，Döner kebap这样的大串儿虽然诱人，但吃起来总觉得少些什么。没错，少了那么一丝感觉。这种感觉就是撸串儿的快感。不知道第一个用“撸”这个字眼儿来形容吃串儿的人是谁，实在是太形象了！把一条串儿上的肉和蔬菜从根部开始，“嗖”的一下收纳到嘴里，那种“撸”的快感确实是无与伦比的。土耳其人也充分考虑到了这种需求，所以除了Döner kebap以外，街头还提供小串儿供大家满足“撸”的嗜好。

这种小串儿，在土耳其叫Şiş kebap，和中国街头卖的羊肉串儿几乎没什么两样，所以这大约是在土耳其以外最知名的土耳其美食了。“Şiş”在土耳其语中就是烤肉的扦子的意思，也可引申为“剑”。穿在这根扦子上的食物有许多，除了最常见的羊肉以外，土耳其人还会把牛肉、鱼肉、鸡肉等穿在上面烤制，当肉被“撸”下来以后，还会给您贴心地配上解腻的蔬菜——茄子、生菜、洋葱、炭烤辣椒、西红柿、菌菇等。当然，蔬菜一般会采用生食或烤制的方式作为配菜出现在您面前。这种小串儿把土耳其的 kebap 推广到了全世界，要知道，在美式英语里，如果提到 kebap 这个词，指的就是这种 Şiş kebap，或者称 Shish kabab。所以，如果一个美国人表示他要吃 kebap，意思很明确，就是他想撸串儿了。但在土耳其人自己看来，这只是 Döner kebap 这种正统大串儿的一种小型变种——英国人似乎也持同一意见，不过在吃这个方面，英国人的意见似乎并不重要。

Adana kebabı

在安纳托利亚中南部靠近地中海的城市阿达纳（Adana），每年 12 月的第二个星期六晚上会举办一个街头美食节。这座城市有一座完工于 1882 年的高耸钟楼，称为 Büyük Saat，围绕着钟楼有数条美食街，每年的这一天，这几条街就被食摊儿挤得水泄不通。这个美食节一开始就被称呼为“世界 Rakı 节”（World Rakı Festival，Rakı 是土耳其的国酒），在这一天，当地的居民和游客一起在几条街上唱歌、跳舞，欢饮达旦。而在这个节日里，配上 Rakı 酒提供给大家的就是一道称为 Adana kebabı 的菜。在土耳其，这个名字是被申请了专利的，只有经过认证许可的商家才可以制作出售。然而这并不妨碍这道菜风靡中东，从土耳其的地中海沿岸向北到伊斯坦布尔，向南到叙利亚的阿勒颇、大马士革乃至伊拉克的巴格达，都能见到这道菜。Adana kebabı 适合喜欢刺激的人，制作者只选择一岁以下的小羊的嫩肉，切碎以后混合羊脂，放置一天，然后加入红甜椒和盐，部分地区也被允许加入蒜和其他辣椒，制作成带有辣味的肉。然后，制作人会把它擀成 90—120 厘米长、3 厘米宽、0.5 厘米厚的肉条，穿在扁平的扦子上，放置在橡木为燃料的烤炉上，在滚滚的烟中，肉渐渐变成了深棕色，油脂凝固其中，吸收了木头燃烧带来的独特香味。肉块最终被从扦子上取下，卧在刚出炉的饼上，点点油脂慢慢渗入饼身，周围烘托着用橄榄油和石榴汁炖熟的辣椒、红葱等蔬菜，点缀上薄荷叶提味，顶上再放上一勺鹰嘴豆泥，浇一点儿黄油。食用的时候，把烤肉和西红柿、洋葱等一起裹入饼中，以中和烤肉本身的辣味及油腻感，风味极佳。

在土耳其众多的肉类美食中，kebap（或称 kabab）是“烤肉之宗”，几乎所有的烤肉类食物都被冠以“×× kebap”的名儿，以至于一些本身并非使用烤这一方式制作的肉食也被拉到了 kebap 的行列中，在世界其他地区的人看来，kebap 就是土耳其菜的代表。在人类的烹调史上，古希腊时代的宴席上已经开始丢满烤肉的扦子，而在两河流域的古老语言阿卡德语中就已经出现了“kabābu”这个词语，被认为是今天“kebap”的滥觞。

而在 13 世纪，一位名叫巴格达迪（Muhammad bin Hasan al-Baghdadi）的著名阿拉伯美食家写了一本名叫《烹饪书》（*Kitab al-Tabikh*）的美食指南。这本书著成于 1226 年，曾珍藏在土耳其帝国的托普卡帕皇宫（Topkapı Palace）的图书馆里，几乎可以认为，土耳其宫廷厨房一度将这本美食指南奉为圣经，并且还在苏丹穆拉德二世（Murad Ⅱ，1404—1451）的命令下往里面添加了 70 多道食谱。到 2005 年，这本菜谱公开出版，引起了人们的注意。在《烹饪书》

中，有一章名为“简餐”，是把嫩煎过的肉和捣碎的菠菜混合，加上茴香、胡椒、乳香、肉桂、蒜等调味，加入大米蒸煮，出锅后浇在烤熟的肉块（叫 kubab，就是 kebap 的波斯语说法）上，这和今天 kebap 与米饭配合的吃法别无二致。

土耳其人自己的著作里，在 14 世纪末期出现了“kabab”，或许是来自波斯语，用以形容烤制的食物，传说这是士兵在野外制作行军餐时用刺刀穿肉而发明的方法。如果传说是真的的话，kebap 或许是随着奥斯曼军队向外的进军逐渐普及世界的。

而这道源自中东的菜走向世界以后，许多国家都发展出了有自己特色的 kebap，烤肉遍及亚、欧、非、美，人人都能享受烤肉带来的乐趣。

日本的一部名为《纪实 72 小时》的纪录片曾经拍摄了位于东京闹市六本木的一家土耳其烤肉店，在从周五到周日的 72 小时中，一支 80 斤重的 Döner kebap 在厨师的刀下渐渐变细。店主入乡随俗，不用日本人吃不惯的带有膻味的羊肉，而改用在日本容易买到的牛肉来制作。来吃烤肉的，有匆匆走过的上班族，有夜间出来寻觅夜宵的宅一族，有来自土耳其、黎巴嫩等烤肉之乡的旅日外国人，也有来自美国等地的游客。他们来到六本木，驻足于此，或买上一块饼裹上烤肉匆匆而去，或点上一碟拌着烤肉的炒饭，享受片刻的小憩。店主在片中接受采访时说：土耳其是一个多民族杂居的国家，而这家烤肉店几乎就是一个小土耳其。一份烤肉，会聚大家，只能说，唯有美食不可辜负。

三、从瓦罐里的秘密说起

——“烤芙特”、饺子和多尔玛

安纳托利亚中部的卡帕多奇亚，怪石嶙峋，当地居民与大自然斗争，在风化成“仙人烟囱”的岩石中挖出了住宅、餐厅、温泉。

在山间颠簸了半天，走进洞穴餐厅时已是饥肠辘辘，在低矮的洞穴中坐定以后，服务生推出了一辆推车，车上除了酒水以外，还有两只短颈大腹的瓦罐儿。大家的眼中闪烁着兴奋的光芒，同时，还有一丝对未知食物的紧张感。

当服务生把瓦罐中的东西倒到盘子里的时候，旁观的诸位食客发出了一阵激动的小声欢呼，手中的刀叉也按捺不住了。顷刻间，盘子里已经倒满了小块儿的牛肉、黑色的菌菇和被酱汁染成艳红的土豆；另一边，盘子里已经备好了热腾腾的 Pilav 炒饭。炒饭与瓦罐牛肉在盘中平分天下，构成太极般的和谐。阴的是炒饭，橄榄油与洋葱配合的味道天衣无缝，滋润着晶莹的米饭，带给舌尖温润的享受；阳的是瓦罐牛肉，挟着有冲击力的酱汁汹汹而来，肆意侵占味蕾。阴阳调和，出自瓦罐的卡帕多奇亚食物带着一点儿东方哲学的神秘。

随身携带的一本旅行书上如是记载这种卡帕多奇亚的瓦罐餐——“陶罐在上桌时会被夸张地砸开！”遗憾的是我们并没有看到这一幕，想必餐厅也考虑了一下给司马光送专利费的成本，以及收拾碎片带来的种种麻烦，所以没有让我们听到那悦耳的“哐啷”一声。比起惊天一锤，香气四溢，好像这种倾倒带来的神秘感，更能勾起人的食欲？

瓦罐牛肉，绝对不是想象中的那种大块的英式牛肉炖土豆，也不是片成薄片的日式牛肉寿喜锅，而是把牛肉切细、切碎，最大限度地让肉浸润在酱汁里，使得肉在观感上似乎成了菌菇和土豆的配角，但在口感上却是当仁不让的主角。被破坏了组织结构的肉，大概是最能表现出浓酱厚味土耳其风的料理。

既然是破坏，不妨破坏得更彻底一些！来啊！取三斤羊肉，细细地切作臊子，一点儿肥肉都不要留在上面，我们做肉丸子和肉饼子吧。肉丸子（meatball）的名字太普通了，我们取个好听的名字，不妨叫它“烤芙特”（Köfte）！

肉丸，几乎是土耳其各种自助餐的标配，大多数餐厅都会提供肉丸子供食客们

卡帕多奇亚的特色瓦罐餐

取食。这种肉丸子，一般都会做成网球一样大小。土耳其肉丸可不全是《食神》里那种能打乒乓的"濑尿牛丸"，有些肉丸弹性十足，肉汁四溢，有些则制作得有点儿"懒散"，但胜在肉质疏松，吸收力强劲，一口就透出香料味儿来。

对于中世纪的阿拉伯饮食来说，羊肉是无与伦比的食物，它的味道深深植根于中东人的记忆中。在阿拉伯帝国的饮食中，羊油甚至是比橄榄油更常用的食用油。和今天黎凡特地区广泛使用橄榄油不一样，在中世纪的巴格达，哈里发的厨师从羊尾中提取油脂，用在煎炸和烤制肉类中，这种油脂称为 alya。试想一下，所有的肉，不论是羊肉，还是牛肉、鱼肉，都带上了羊油的淡淡的膻味儿，喜欢的人会很喜欢，不喜欢的人恐怕会很恐惧吧。不过，从阿拉伯帝国时代延续下来的口味记忆也因此深入人心，羊肉当仁不让成了肉餐的主角。

在土耳其厨师的妙手中，羊肉可以变成丰富多彩的菜肴，除了做成大大小小的串儿以外，肉丸子、肉饼、肉末也是选择。卡帕多奇亚的这款称呼为 Testi kebabı 的瓦罐菜也是如此，许多土耳其餐厅为满足游客的口味，特意用牛肉代替羊肉。而土耳其人自己享用这道 Testi kebabı 却并不排除羊肉，Testi 在土耳其语中的意思就是"瓦罐"，瓦罐里满满塞上羊肉和蔬菜，在敲开的那一刹那仿佛幸福来敲门。难怪这道瓦罐菜，从安纳托利亚中部的卡帕多奇亚，一直红到黑海沿岸。

至于"烤芙特"，更是一种广受欢迎的食物。在伊斯坦布尔，靠近最繁华的塔克西姆广场（Taksim Meydam）区域有一家肉丸店，每天中午才开门，但一下午都是人气满满，人们排着队，不管等多长时间都想吃到这份"土耳其最好的肉丸子"。肉丸子的魅力无人可挡，即便是在土耳其吃自助餐，看到食物盆里满满的裹着各种作料的"烤芙特"，也有抑制不住要多夹一些到盘子里的冲动。根据 2005 年的一项研究成果，土耳其有至少 291 种不同的肉丸子，"烤芙特"几乎可以说是土耳其餐中的一霸。

许多肉丸子里，还会加入一种地中海地区特有的香料提味，构成了一种独特的土耳其风。这种香料的名字叫番红花，又叫藏红花。在迪斯尼的电影《疯狂动物城》中，这种香料无辜中枪，成了让食肉动物狂性大发的药物，不过可以放心的是，在现实中，吃一点儿含有番红花的食物，绝对不会激发你心底原始的兽性本能。

烤芙特

在土耳其安纳托利亚北部靠近黑海的区域，有一座小城名叫萨夫兰博卢（Safranbolu），在城市里，遍布红顶白墙的小房子，鳞次栉比，为人们保留了一份奥斯曼帝国时期的风情。这是一座迷人的小城，它的名字的意思是“番红花城”，相传就是因为商人在此发现了珍贵的番红花而得名。

番红花是从一种叫克洛克斯（Crocus sativus）的植物的花中提取出来的。克洛克斯的名字来源于希腊神话，执着追求仙女弥拉克斯（Smilax）的英俊青年克洛克斯触犯了神怒，因此被变成了番红花，从此，番红花的名字就叫克洛克斯。克洛克斯开放的时候，是一种漂亮的淡紫色，在秋天的阳光下楚楚动人，从花中摘取花蕊，晒干以后就成为如萨夫兰博卢的屋顶一样艳红的番红花。今天的英语里，用番红花制作成的香料叫作 Saffron，源于 12 世纪的法语 safran，而法语源自古拉丁语，古拉丁语则源自古波斯语中的 za'farān，这为我们勾勒出一条番红花的西传之路。没错，番红花是来自欧洲东面的古老香料，确切地说，是古希腊人最早将它人工种植。在公元前 17—前 16 世纪的克里特文明遗迹中，出现了描绘番红花丰收的壁画，希腊人沿袭了克里特人的技巧，把克洛克斯花蕊柱头的那一点点黄色小心翼翼地摘下来，珍而重之地晒干保存，100 克的香料，需要 4 万根花蕊才能制成。番红花，收获不易，原料珍贵，而用途十分广泛，古代人除了把它添加到食物里提升风味以外，还将之作为药用，认为其有止痛、健胃等效果。据说，亚历山大大帝在东征亚洲的时候，就模仿波斯人的做法，把番红花放在洗澡水里治疗战创；埃及艳后克里奥帕特拉则用番红花浴来提升爱的质量。番红花通过古代的商业交流，自希腊东传到波斯和中亚，再由中亚进入中国，在中国传统医药中也有一席之地。西方的罗马，也承袭了希腊的番红花，罗马人在征服高卢的时候，也把番红花移植到了今天的法国境内。而崇尚奢靡之风的罗马社会把珍贵的番红花当作炫富的工具，据说罗马暴君尼禄在入城时，体验了一把番红花铺满地的感觉，大片大片的番红花，把罗马城渲染成一座佛经中的祇园精舍，想必极大地满足了尼禄皇帝的虚荣心。

另一方面，番红花也被用于染色，只要一小撮番红花，就可以把一大盆水染成鲜亮的黄色，从而使衣服获得豪华的视觉效果。古代黎凡特地区的腓尼基人，以及西顿（Sidon）等大城市的居民，都用这种染料染制衣物。今天我们吃到的许多肉丸子总是带着艳丽的颜色，也是番红花所产生的独特效果。

番红花对于西方世界来说意义非凡，自罗马衰亡以后，欧洲在很长一段时间内没有获得番红花的稳定渠道。西班牙可能是欧洲种植此物相对较多的区域，这得益于伊斯兰教势力兴起后摩尔人对西班牙的统治——他们将中东的番红花引种至伊比利亚半岛，今天带着艳丽色彩的西班牙海鲜饭（Paella）中就有番红花的味道。而14世纪的意大利，由于黑死病来袭，病急乱投医的欧洲人大量进口番红花，威尼斯和热那亚这两个海上商业城邦起到了至关重要的作用，商人来往于中东和意大利之间，运送这种传说中有对抗疾病功效的珍贵药物，地中海上的罗德岛成为番红花转运的重要中转站。到达意大利的番红花终于再次翻越阿尔卑斯山脉，进入罗马人曾经征服过的法国地区。对于这样珍贵的香料，法国人极为重视，甚至制定法律严惩制伪者。如马赛鱼汤（Bouillabaisse）这样的法国料理，当然也少不了番红花。

与欧洲人用番红花搭配鱼鲜不同，伊斯兰世界则是把番红花和肉的协作发挥到了极致。土耳其人用蛋黄凝固肉末，用番红花点染色彩，用胡椒等香料提升味道，用茄子等蔬菜佐助其功，搭配出绝妙的肉丸菜。

当然，土耳其人并不是离了香料就不会做菜。在伊兹密尔（Izmir），有一种叫蒂雷（Tire）肉丸的食物，它只用两种材料——盐、肉末，并不添加任何一种香料，食用的时候配上番茄酱和酸奶，也别有一番风味。

除此以外，“烤芙特”在土耳其有着多变的面貌，并不是所有的肉丸都标准地配上蔬菜、炒饭，端端正正地端到您面前。首先，没有规定“烤芙特”必须是圆的。比如最流行的一款“烤芙特”名叫Şiş köfte，它与其说是肉丸，不如说是一种变异的kebap：羊肉混合着牛肉，加入香菜、薄荷等香料，裹到串儿上烤，配着酸奶饮料就下口了。它的样子？当然是长条的串儿形的，是“烤芙特”家族最赤裸裸的“异端”。第二，没有规定“烤芙特”必须配米饭和蔬菜。起源于安纳托利亚西北区域的Islama köfte，用西红柿片、青椒片配上面包，西红柿的鲜嫩，青椒的爽脆，面包的香甜，搭配着肥而不腻的肉饼儿，咬一口，食客会由衷赞叹：“胜美利坚麦、肯二氏多矣！”而另一种Sulu köfte更是别出心裁，把牛肉丸子和米饭、香料一起混煮到西红柿浓汤里，从厨房端出来的就是一碗热气腾腾的丸子汤。红色的汤底，载浮载沉的肉丸子，冬天喝上一口，应该会元气满满吧！当然，除了带着微酸的西红柿浓汤，鸡蛋配柠檬的酱汁也是搭配肉丸子的好材料，吃肉配上一点儿酸，除了增加口感，还有解腻的效果，在这方面，土耳其厨师深得食物搭配的精髓。

给大家出道思考题，请大家开动脑筋想一下，除了做汤、夹面包、串烤以外，肉丸子还能有什么用？提示：逢年过节许多人会吃的一种食物。

没错！有人猜对了，饺子！哎！等等，土耳其人过节也吃饺子么？土耳其人吃的饺子和中国人吃的几乎没什么区别，名字叫 Mantı。

说起 Mantı 这个名字，似乎和中国还有那么一丝渊源呢！许多研究者认为，今天出现在土耳其和中东一带的 Mantı，很有可能是 13 世纪从中亚沿着丝绸之路传过来的，而携带它们的“载体”则是游牧的蒙古人，蒙古人在西征的过程中，无意识地担负起了文化传播的责任，把来自东方的食物也一并带到了西方，通过亚美尼亚进入今天的土耳其境内。研究者认为，蒙古人在行军的时候，可能带着干制的面点，一旦停止行军，就燃起篝火把干面点烤热用餐，这就把面点食物传播到了西亚地区。至于 Mantı，有人认为很可能是汉语“馒头”的变形。

在中国，有许多地方把没有馅料的面点叫“馒头”，而把有馅料的面点叫“包子”，而包子和饺子又是两种不同的面食，所以，不知道是什么原因，今天的土耳其人还是把面裹肉的饺子叫成了 Mantı。嗯，我们还是不要纠结这些细节了吧，反正，出了炉的土耳其饺子，有些也和包子一样虎头虎脑的，索性叫土耳其包子更名副其实。

但是，土耳其的饺子绝对不是我们想象的那样——下锅煮出来以后，不同地域的中国人会为蘸什么打上一场嘴仗：蘸醋的、蘸蒜泥的、蘸辣椒糊的、蘸芥末油的……应有尽有。但如果大家知道土耳其的 Mantı 是怎么吃的，肯定会异口同声地说一句：“怎么可能！”土耳其的饺子自然有土耳其的特色。从15世纪开始，土耳其饺子的制作方法就已经成形——羊肉和碎鹰嘴豆做馅料，上锅蒸熟，出锅以后浇上一勺伴着蒜泥的酸奶，用辣椒粉混合黄油的调味品调味，有时候还会加一小撮薄荷提香。至于味道，土耳其的酸奶是货真价实的“酸”，浇上酸奶和蒜泥的酱汁，大约就是带着奶香的酸辣汤，倒是能最大限度地提升饺子的味道，大家可以自己想象。

生活在安纳托利亚中部的城市凯塞利（Kayseri）的居民是最擅长做饺子的，这里的饺子个儿小，皮儿薄，馅儿大，配上番茄酱制成的浓汤，是一道非常赞的开胃汤品。凯塞利人的风俗是：新娘在新婚前要做一顿饺子显一下持家身手，

饺子

而考题是必须做出能在一个汤匙上放下40个的饺子。不知道他们用的汤匙有多大，不管怎么样，这都是一项不亚于绣花的水磨工夫。

在中国江南水乡，有一种叫千张包的食物，是用一张千张（压制成的豆腐皮，类似超薄型的豆腐干）包裹着肉、蔬菜等馅料蒸煮而成，鲜美异常。在土耳其，竟然也有类似千张包的食物，也要用到肉末，它的名字叫多尔玛(Dolma)。

多尔玛

多尔玛的意思就是“塞满”，它的皮和千张包一样，也是素的，只不过用的不是豆腐皮，而是一张甘蓝菜叶或葡萄叶，包裹在里面的食物有肉、米饭、番茄、辣椒、洋葱、南瓜、西葫芦，当然少不了土耳其人爱得要死的茄子。含有肉馅的多尔玛一般做热菜，而另一种不含肉馅只有蔬菜的多尔玛则作为凉菜，当然，土耳其人认为这种不含肉的多尔玛“低人一等”，将之贬称为“yalancı dolma”，意思是“假多尔玛”。不管怎么样，肉带给人的幸福感当然是什么食物都比不上的，难道不是么？

四、在伊斯坦布尔吃鱼

在土耳其，生活得最惬意的动物应该就是猫。在特洛伊的城墙根儿下，猫在翻滚；在卡帕多奇亚洞穴宾馆的露台上，猫在卖萌；在爱琴海沿岸马路边的小店门口，猫在招揽客人。而在以弗所，当随行的导游妹子指着一条镶嵌着华丽马赛克的道路侃侃而谈时，一只喵星人旁若无人地从这条罗马时代只有贵族才能走的道路上漫步而过，找个背阴地儿慵懒地伸个懒腰，开始享受它的下午，神色间显示出它才是今天的“克拉苏”（罗马著名的富豪，以镇压斯巴达克起义出名）。

以弗所遗址的猫

“秋刀鱼的滋味，猫跟你都想了解”，奇怪的是，这个猫四处横行的国度，却鲜有能和猫分享鱼的滋味的人，游牧出身的土耳其人更偏爱牛羊肉，而很少吃鱼。或许，只有在伊斯坦布尔这样的坐拥一湾海峡的城市，人们才能体会到鱼的妙处。

伊斯坦布尔的欧洲部分三面环海，金角湾和博斯普鲁斯海峡将这个城市环绕成了一个半岛。在金角湾上，架着一座大桥，桥上车水马龙。附近有座古老的塔楼，名加拉太塔（Galata Kwlesi）。桥因塔名，名叫加拉太桥。在黄昏的时分，走在桥上，看着落日在金角湾慢慢沉降，桥上的人悠闲地把钓线甩出桥栏，浮标在金角湾浮沉。诺贝尔文学奖获得者奥尔罕·帕慕克曾这样描写这金角湾的景色：

我望着金角湾的码头缓缓流过的海水，被古伊斯坦布尔时代的木造房屋覆盖的山丘，以及种满柏树的墓园；胡同、黑色的山丘、船坞、生锈的船壳；绵延不绝的小工厂、商店、烟囱、烟草仓库；坍塌的拜占庭教堂；雄立于破街窄巷上方的奥斯曼清真寺；翟芮克的“全能之主”教堂；席巴里的大烟草仓库；甚至远方法蒂赫清真寺的影子——透过模糊、抖动的舷窗，这幅正午的场景犹如我在支离破碎的老电影中看见的伊斯坦布尔风光，像午夜一样黑暗。

沧海桑田，今天的金角湾已经不复奥尔罕·帕慕克记忆中的样子。岸边那曾经作为监狱和消防观测用的加拉太塔，也变身为一处远眺金角湾和品尝佳肴的好去处。在加拉太大桥附近和热闹的塔克西姆广场步行街，店铺林立，金角湾捕得的新鲜水产就在这里就近被加工成食物，提供给游客。

对于拥有游牧祖先的土耳其人来说，鱼显然不是第一选择，而在伊斯兰饮食中，鱼同样无法撼动牛羊肉的“霸主”地位。即便是巴格达迪的《烹饪书》里，也只记载了12道鱼料理，其中的11道是用炸的方式制作的，剩余一道则是在鱼腹里填入碎核桃、大蒜以及肉桂、薄荷等各种香料，外表涂上芝麻油、番红花和玫瑰纯露烤制。这种烤鱼的方式很有可能是来自阿拉伯半岛的一种传统习俗——住在底格里斯河畔的人最难以抵抗河中肉质鲜嫩的虾虎鱼的诱惑，他们会用尽一切办法捕捉这种鱼，用最原始的方式——烤制来最大限度地保持鱼原汁原味的鲜美。

烤和炸，可以说是土耳其最常见的两种料理鱼的方式。我们在土耳其的第一顿饭是在伊斯坦布尔附近吃的，主食是烤鱼，而最后一顿仍然是在伊斯坦布尔，主食是炸鱼。

伊斯坦布尔的烤鱼沿袭了阿拉伯人烤虾虎鱼的传统，用油抹过的鱼身不加任何作料，甚至连盐都没有，直接在火炉上烤到表皮酥脆。鱼配上 Pilav 炒饭端上桌来，拿起盘子边上的柠檬挤出汁液，洒上鱼身，轻轻用刀叉拨开表皮，嫩白的鱼肉赫然显现。海鱼的肉，肉质有层次感，肉本身带有海水淡淡的咸味，这也是土耳其烤鱼不加盐的原因。带着淡淡的清香海盐味的细嫩鱼肉，与酥脆的带着柠檬微酸的鱼皮形成鲜明的口感对比，初食可能略嫌寡淡，但久尝就觉得回味无穷。如果觉得不尽兴，可以拿起桌上的胡椒瓶，给鱼肉再添加一点儿作料，和带着橄榄油与洋葱味道的 Pilav 炒饭一起入口，是否更为妙不可言呢？

土耳其烤鱼

加拉太地区还是吃鱼汉堡(Balık ekmek)的好地方。在加拉太桥桥尾的码头，停泊的渔船前摆起了桌子，渔船的主人把当天打上来的新鲜马鲛鱼片成片儿烤起来，塞到两片面包中间，配上沙拉出售给食客。一份鱼汉堡不过 5 里拉，相当于人民币 10 元左右，土耳其人用这种食物搭配柠檬汁或酸萝卜汁，用酸味调和炸鱼的油腻以及面包的香甜，这是伊斯坦布尔版本的“天津煎饼果子”——一种高人气的街头小吃。

要说这鱼汉堡比真汉堡何如，或许这鱼汉堡还可能是如今流行的真汉堡的祖宗呢！以德国北部城市汉堡为名的这种面包夹肉的食物，其实来源于中亚游牧民族。在蒙古征服时代，游牧的蒙古人在行军过程中，可能会宰马为食。马肉肉质紧密，入口有韧劲，寄生虫少，是适合生食的肉类之一，日本料理中的刺身也常用马肉。蒙古人把马肉塞在马鞍底下，用马的体温温暖马肉，做成了浸润着骑手和马匹汗水的生马肉块，来补充行军中耗损的能量。当时的欧洲人将吃马肉的蒙古人看成异类，所以称呼这种生吃的马肉为“鞑靼肉饼”（Steak tartare）。而被蒙古金帐汗国统治的俄罗斯在其后对肉饼做了改进：生马肉加上鸡蛋、香料、洋葱、蔬菜等，夹上两片黑面包，做成了一种全新的鞑靼肉饼。而在波罗的海和北海的汉莎同盟贸易圈中，这种食物很快传到了德国的海港城市汉堡，生肉变成了烤制的熟肉，保留了蔬菜、洋葱等料，就成了以城市为名的美食。而中亚的游牧民族，仍保留着面包夹肉的吃法，伊斯坦布尔的鱼汉堡，或许就是游牧民带来的习俗“当地化”的表现。

除了加拉太地区，伊斯坦布尔另有一个适合吃鱼的地方。

从伊斯坦布尔的轮船码头踏上博斯普鲁斯海峡朴素的游船，经过近一个小时的海上航行，在饱览了蓝色清真寺、圣索菲亚大教堂和托普卡帕皇宫的伟岸英姿后，游船在一处奥斯曼时代风格的码头靠岸。这里是王子岛，过去曾是拜占庭的王子或被废黜的贵族的流放地，而今天则是伊斯坦布尔人的避暑胜地。坐着马车绕着岛上的道路尽情欣赏风情各异的别墅后，又到了肚中饥饿的时候

炸鱼块和 Pilav 炒饭

了。恰巧回到码头，沿着马尔马拉海边，一排餐厅一字排开，店门外放着新鲜的金头鲷、蓝鱼，这样的店家根本不需要什么招牌，倒是要防着岛上到处出没的猫儿借机偷腥。

进入店中坐定，新鲜炸就的鱼块就端上了桌。这鱼可谓是“金玉满堂”。炸得黄澄澄的表皮，如圣索菲亚大教堂的壁画一样灿烂。拿刀叉轻轻切开，露出白玉般的鱼肉，好似棉花堡的模样。海风吹来，带着海鱼的清香，在这个岛屿上吃鱼，大约是伊斯坦布尔最棒的美食享受之一了。

古人云：“不时，不食。”伊斯坦布尔人吃鱼也受到捕捞季节的限制，一年四季，端上餐桌的鱼体现了当季的时令。春暖花开之时，大比目鱼、黑鲈、牙鳕等鱼类首先占据了餐盘。随着天气渐渐暖和，螃蟹和虾慢慢爬上了餐桌。到七八月盛夏的季节，正是食鳗鱼的好日子，鲉鱼、箭鱼、金枪鱼、龙虾也开始与鳗鱼平分天下。秋意渐浓时，金头鲷、沙丁鱼开始悄悄冒头，随之而来的是鲣鱼。隆冬季节，当伊斯坦布尔开始蒙上一层朦胧的霜时，正是炸凤尾鱼、竹荚鱼、蓝鱼温暖人心的时候。

除了鱼以外，在海中，还有一种意想不到的食物在土耳其有着高人气，那就是贻贝，或者可以叫它淡菜——那是它做熟晒干的样子。在中国一些地区，这玩意儿叫海虹，有的地方俗称“青口”。

贻贝在许多国家都是佐餐的佳肴，中国人除了将它煮食、炖汤以外，还认为它是补肾养虚之药。而贻贝要是炸或者烤更有一番风味，法国菜中，往往用贻贝配薯条或面包，甚至裹上面糊和面包屑炸得酥酥的。意大利和西班牙等地中海国家则另辟蹊径，给贻贝浇上白葡萄酒，放上香草，挤上一点儿柠檬汁蒸熟，也能最大限度地激发出贻贝的鲜味。

贻贝多尔玛

土耳其人食贻贝的方法则是最特别的。在伊斯坦布尔街头，随处可见卖贻贝多尔玛的小贩。贻贝多尔玛（midye dolma），顾名思义，自然是“塞满贻贝”的意思。只要2里拉，就可以买到三个。小贩麻利地把米饭和肉糜满满地塞到打开的贻贝里，吃的时候挤上一点儿柠檬汁去腥，一口下去，就能尝到海水的咸鲜味道。啊，可要注意不要把壳也一起吃下去了。

伊斯坦布尔是个天生吃鱼的城市，和土耳其仅一境之隔的希腊人，尽情享受着爱琴海和地中海带给他们的恩惠。希腊人把大个儿的海鱼整条烤制，浇上用橄榄油和柠檬汁调成的汁儿，而沙丁鱼、凤尾鱼等小鱼则一炸了之，端上桌来，皆是希腊范儿的家常菜。晒干的章鱼，塞着奶酪、香料的烤鱿鱼，各种鱼汤，配着大蒜酱的炸鳕鱼，都是希腊人饭馆里端出的上好待客菜。作为曾经的希腊化世界的首都，伊斯坦布尔（君士坦丁堡）有如此多的吃鱼花样儿，也不足为奇了。

在这个城市的加拉塔萨雷区，除了一支以这个区域闻名的欧洲顶级足球队以外，还有一个闻名遐迩的“鱼市场”。这个市场位于鲜花大道旁，走进市场，可以看到五花八门的店铺，各种鲜亮的海鱼层层叠叠放满了铺面，如同接受检阅的战士。而各种小吃店也各显神通，将鱼做成各式各样的料理，吸引着顾客驻足。这，大约就是描绘伊斯坦布尔的食鱼生活的一幅生动的“清明上河图”吧。

The Tastes of Turkey

3 甜点的魔法

奴鲁奥斯马尼耶
清真寺

一、Turkish Delight
——软糖

在伊斯坦布尔的大巴扎逛街是一件非常魔幻的事。

大巴扎（Kapalıçarşı），英语写作 Grand Bazaar，意思是屋顶下的市场。1455—1456 年，在奥斯曼帝国刚占领君士坦丁堡（即今伊斯坦布尔）后，苏丹穆罕默德二世（Mehmed the Conqueror，约 1430—1481）下令在城中建造市场。一个世纪以后，奥斯曼帝国全盛时期的统治者苏莱曼大帝（Sultan Süleyman Ⅰ，1494—1566）下令将其扩建，原本处于市场周边的货仓、商店、驿站纷纷被包入，形成一个庞大的有屋顶的大市场。这个大市场今天有 30700 平方米，超过 3000 间店铺在这个大屋子中售卖着各种各样的玩意儿——小到土耳其蓝眼睛，大到瓷器、灯具等。

大巴扎的“恐怖”之处就在于它是路痴的噩梦，总共 61 条街道全部都刷着同样色彩的天花装饰，两边的店铺中，金灿灿的金饰品、迷离的土耳其灯具、独特的香料味烘托出一种令人目眩神迷的气氛。在里面行走购物，必须小心翼翼地记住每个转角处商铺的名字和特征以及转向的方向，才能避免“Lost in Istanbul”的悲剧。

大巴扎

据说有些游客能在里面逛上好几天，除了购物的诱惑外，想必迷路也是一大原因吧。

从巴洛克风的奴鲁奥斯马尼耶清真寺（Nuruosmaniye Camii）的台阶下来，走入大巴扎的1号门，沿着左手边，可以看到好几家出售Turkish Delight的小店。

Turkish Delight，初识这个名字的时候愣了一下：土耳其的快乐？走入店铺才知道，出售的是软糖，有那么一会儿，以为Turkish Delight是软糖的品牌，其后搜索了一下，才知道Turkish Delight指的是软糖本身。

软糖在土耳其可以说是随处可见的食物，而且还不是一种零食——在酒店宾馆的自助餐中，它就被堂而皇之地堆积在餐后甜点的位置供人取用。

糖，或者说砂糖，是一种能给人带来幸福感的东西，据说许多妹子吃到撑的时候，还能留出20%的胃装甜点。这种幸福感不仅仅来自甜本身带给人的愉悦，或许还和糖的历史记忆密切相关。

在今天，制造糖所需要的甘蔗是世界上种植量最大的作物之一，而在这个作物普及全球之前，人们追求甜味的方法要比今天困难得多，除了甘甜的水果以外，蜂蜜大概是唯一能给人带来幸福的一种调味品。古罗马人甚至把蜂蜜当

土耳其软糖

作上天赐予他们的甘露，从东方的中国，到遥远的美洲，人们都在孜孜以求这种小虫辛勤酿造的产品，直到公元 8 世纪以后，人们才开始传递甘蔗。

甘蔗，可以直接上口咬，一口下去，甘甜的汁液喷薄而出，触及对甜最为敏感的舌尖，人们就感受到了甜的幸福。如果用机器或人工榨出甘蔗的汁液，就可以精制出剔透的蔗糖。甘蔗的出现，让蜂蜜黯然失色。因为不论多大的蜂场，都无法与能广泛种植的甘蔗比产出。甘蔗源自亚洲的印度尼西亚或新几内亚，随后传入印度和中国，据说在亚历山大大帝东征到印度境内时，就发现当地人用“苇草的茎”制作“蜜”。当然，亚历山大并没有承担起普及甘蔗的重任，完成这项壮举的是后来席卷中东、北非地区的阿拉伯征服者，他们借征服和商贸，把甘蔗带出了印度，带入了伊斯兰世界——中东、北非直到欧洲的伊比利亚半岛。西班牙和葡萄牙两个新兴国家在伊比利亚半岛崛起以后，就将伊斯兰世界带给他们的遗产继续传播，他们一方面从 15 世纪开始在大西洋上的马德拉群岛、亚速尔群岛、圣多美和加那利群岛上建立殖民地，引种甘蔗，另一方面借哥伦布开辟新航路的机会，把甘蔗引种到古巴等加勒比海群岛国家及巴西热带地区。到 1550 年后，随着西欧殖民者大量向美洲输送来自非洲的黑人奴隶，美洲的劳动力开始丰富，甘蔗的种植在美洲迅速普及。

在托马斯·阿奎那（Thomas Aquinas，约 1225—1274）生活的欧洲中世纪时代，蔗糖如药一般珍贵，贵族们饲养蜜蜂酿造蜂蜜酒来满足自己的口腹之欲。但到了地理大发现以后，蔗糖迅速成为广泛普及的生活品，到 19 世纪，连欧洲的底层劳工都养成了在红茶里添加蔗糖的习惯。

蔗糖普及的代价是殖民地的血泪，美洲的印第安文明被摧毁，来自非洲的黑奴在美洲种植园中承受了一个多世纪的压迫，加勒比海上的古巴，号称“世界的糖罐”“最甜的国家”，但同时也是“最苦的国家”。大西洋上的奴隶三角贸易带动了西欧的富庶，支撑起了砂糖的世界，西印度群岛和巴西等南美国家成为世界砂糖的工厂。

这是题外话。砂糖的普及，第一步就是伊斯兰世界将之带入了中东、北非和欧洲，不论是阿拉伯商人还是威尼斯、热那亚商人，在某一段时间内都把砂糖作为一种奢侈品从伊斯兰世界贩卖给欧洲人，牟取数倍乃至数十倍的利润。英语中的 Sugar，来自法语的 Sucre，而法语词则源自阿拉伯语的 Sukakar 或梵语的 Sarkkara，语言是证明砂糖流转路径的最好证据。

伊斯兰世界对甜的追求很可能和阿拉伯人早期的生活习惯有关，伊斯兰教的先知穆罕默德就非常喜欢一道用凝乳、枣和黄油混合成的名叫 hais 的菜肴。在团结于伊斯兰教旗帜下之前，以游牧和劫掠为生的贝都因人就以牛羊的奶制作的奶制品以及沙漠中的椰枣为食，对甜的记忆尤为深刻，这种记忆随着阿拉伯和伊斯兰食物代代传承。

所以，在今天的土耳其料理中，就出现了这一种“极致的甜”。Turkish Delight 应该是这种“极致的甜”的代表作品。

关于土耳其软糖的发明者，今天的人认为是一个叫 Hacı Bekir 的人，他生于土耳其黑海沿岸的城市卡斯塔莫努（Kastamonu），在前往麦加朝圣以后，他移居到了当时奥斯曼帝国的首都伊斯坦布尔。1777 年，他开了一家以他的名字命名的甜品店，制作出了这种软糖，而这家店至今仍然沿用创建时的名字在伊斯坦布尔营业。

当然，软糖不可能是突然就诞生在世界上的，至少在伊斯兰世界，如 Turkish Delight 这样的食物早有雏形。在阿拉伯阿拔斯王朝统治时期，巴格达迪写于 1226 年的《烹饪书》里就记载了一种甜品，是把枣子、阿月浑子（一种坚果，中国古籍称为“胡榛子”，现代俗称为“开心果”）和杏仁的果碎混合在一起，浇上芝麻油，撒上面包碎，混合成一口一个的球状甜点。今天，我们已经难以追溯这种古老的阿拉伯甜点和 Turkish Delight 之间的渊源，但有一个有意思的事实是，Turkish Delight 在土耳其的名字叫 lokum 或 lokma，这个名字来源于阿拉伯语的 luqma 或 luqmat，意思是“一口的”“大小刚好一口的”，这就让我们不能不联想到那些古老的阿拉伯甜品。

而在今天，土耳其软糖在阿拉伯世界被称为 rāḥat al-ḥulkum，意思是“能让喉咙舒服的东西”，或者简单地说是“润喉糖”。但是，绝对不要把它想象成如薄荷糖那样有激爽的口感，要说这糖什么味，答案就是甜，除了甜还是甜，用流行广告语说：土耳其糖，甜过初恋，甜到忧伤。

土耳其软糖最早用的是蜂蜜或糖蜜，后者是一种制糖的副产品，甘蔗提炼出糖以后，会在容器里残留下一些黑色的黏稠状的液体，这就是糖蜜。把晶莹剔透的蜂蜜或糖蜜倾倒在坚果碎末上，让蜂蜜或糖蜜温柔地包裹着果碎，加入小麦粉和水，使糖果凝固成型。在成型的过程中，还可以加入玫瑰水或苦橙水着色提香，制作成的糖果带有浓浓的甜香味。到了 1811 年，Hacı Bekir 把新近发现的葡萄糖也引入了土耳其软糖的制作中，使之成为原料。而今天的土耳其软糖用的是在世界上普遍使用的蔗糖。闪亮的蔗糖加入水，在火的洗礼中再度化为同样闪亮的糖水，投入淀粉作为凝固剂，放进坚果碎，凝固以后，在表面再裹上一层淀粉防止粘连。每一枚土耳其软糖都做成方块状，大小刚好一口一个，塞进口中，唾液化去淀粉，舌尖感受到了糖绵软的质地，咬破糖衣，坚果碎的坚硬口感带来的是地中海的气息，这时，你就会知道为什么软糖叫作“土耳其的快乐”。

土耳其的快乐早传递到了许多国家，在昔日奥斯曼帝国的领土范围内，土耳其软糖是种极其常见的甜品，希腊人沿用土耳其的叫法把它叫作 loukoumi（λουκούμι）或者 Greek Delight（希腊的快乐），用它来配着同样来自土耳其的咖啡食用。地中海上的塞浦路斯岛上的居民看着海景，享受着塞浦路斯的快乐（Cyprus Delight）。保加利亚、罗马尼亚和巴尔干半岛，都出现了它的踪迹。

而在19世纪，软糖传入了欧洲，随后漂洋过海，抵达美洲的美国、巴西等国家，今天，在北美西海岸的洛杉矶、太平洋南部的新西兰都能看到土耳其软糖。

土耳其快乐也是一种诱惑。《纳尼亚传奇》中，穿过衣柜的爱德蒙遇见了纳尼亚的女王白女巫，女王在雪地上滴了一点儿东西，雪地里出现了一只用绿丝带扎起来的圆盒子，打开盒子，里面就是几磅上等的土耳其软糖，每一块糖吃到中间都是香甜松软的。天真的爱德蒙立刻被诱惑了，他拼命把软糖塞进嘴里，然后回答着女王提出的各种问题，无意中已经把自己的兄弟姐妹全给暴露了。

女王给他的是一种施加过魔法的土耳其软糖，任何人吃过一次，就会想再吃、再吃，如果听任自己吃的话，吃得命都会送掉。

啊！现实中的土耳其软糖何尝不是如此，它软糯，充满诱惑，但吃多了以后，有可能因食糖过多造成的疾病就开始找上您。

但谁又能真正抵抗这样的诱惑呢？光是漫步在大巴扎，看着软糖层层叠叠堆砌在商店的货架上，已经抑制不住要尝一块的冲动了。有一个第一次吃到Turkish Delight的妹子，珍惜地数着盒子里的每一颗，细细品味，在吃到最后两颗的时候，才决定要和闺蜜共同分享这种味道，这种快乐，应该是其他任何食物都无法给予的。

二、酥皮诱惑
——巴克拉瓦

在日本，关东煮是一种广受欢迎的料理，而这种料理最诱人的做法并非出自高级餐厅中，街头简陋的“屋台”才是它的归宿——木头搭建的小车、几张简单的小凳儿、一平底锅子正在冒着热气的高汤构成了全部的元素，高汤里的间隔架子，隔开了所有的食材：萝卜、蒟蒻、竹轮、丸子，还有雁拟。

雁拟，这个名字好听而又奇怪，其由来有着许多种说法，常见的说法是：“它的味道就好像大雁的肉。”正如我们中土佛教中常见的素斋料理素鸡、素烧鹅等一样，雁拟也被认为是用素食来模仿一种野味的口感，从而能满足某种“偷腥”的需求。当然，也有人有不同的意见，认为是在制作雁拟的过程中，加入的海带会在雁拟丸子的表面上“描绘”出大雁飞翔的样子。持后一种说法者的脑洞似乎要比前一种人开得更大一些。

那么，雁拟究竟是什么呢？关东煮煮在高汤中的食物，大多数是已经炸过的东西，雁拟也不例外，它是用切碎的豆腐，混合胡萝卜、海带、牛蒡、菌菇等食材，制作成丸子形状或肉饼形状，下锅油炸，捞出来以后用高汤煮成的食物。日语的叫法是“がんもどき”（Ganmodoki，雁擬き），是关东煮中最受欢迎的食材之一。

而雁拟另有一个霸气的别名，叫“飞龙头”，这是一个很有欺骗性的名字，因为看到雁拟样子的人，很容易把这个名字和“狮子头”联系起来，认为“飞龙头”也是以形为名。Too young! Too simple! 要知道，雁拟是一种“南蛮料理”，是由日本人称呼为“南蛮人”的葡萄牙商人携带而来的一种舶来品改进而成。葡萄牙人称这种油炸食品为“filhós”，日语读作“ひりゅうず”，中文写作“飞龙头”“飞龙子”。

在葡萄牙，人们用面粉、鸡蛋、南瓜做成皮，包裹着肉馅下锅去炸，炸完以后冷却，就成了飞龙头。这种食物随着东来的葡萄牙商人漂洋过海，到了日本，习惯素食的日本人去掉了肉，改用豆腐做馅料，搭配上海带、牛蒡等食材，将之改进成了具有日本特色的雁拟，不但征服了江户时代市民的胃，也征服了日本武士的胃。

但是，雁拟和葡萄牙人的飞龙头还有一个最大的差别，飞龙头可不是如雁拟这样在鲜美的高汤中惬意地沐浴，它是一种甜点！葡萄牙人在飞龙头的制作中加入的除了香料，还有糖。

油炸物做成甜点并不是什么奇怪的事情，油和糖这两种令人发胖的邪恶之物一旦碰撞到一起，就能迸发出天雷地火的反应。一个典型的例子是甜甜圈：面粉、白砂糖、奶油、鸡蛋等食物相配合，加入油炸这个环节，就能整出松软甜腻的多纳滋（Doughnut）来，无糖的甜甜圈自然名不副实，而少了油炸，甜甜圈也是索然无味。

飞龙头其实并不是葡萄牙土生土长的料理，而是一种来自伊斯兰世界的美食。这话还必须从公元8世纪早期开始说起，强盛的阿拉伯帝国倭马亚王朝（Umayyad Caliphate，661—750）在建国以后兵锋就直指东西两方，东路侵入中亚，到达印度半岛北部，直到强盛的唐帝国的边境才停下脚步。而在西方，倭马亚王朝的军队席卷了自埃及直到摩洛哥的整个北非，北非的柏柏尔人臣服在帝国的铁蹄下。很快，他们随着阿拉伯帝国的军队跨过直布罗陀海峡，于公元711年侵入了伊比利亚半岛。三年后，半岛上的西哥特王国被征服。帝国的军队试图翻越比利牛斯山继续征服法兰克王国，被法兰克王国的宫相查理·马特（Charles Martel，约688—741）所击败，至此，阿拉伯帝国的进军终于停下了脚步。

倭马亚王朝随后被阿拔斯王朝（Abbasid Caliphate，750—1258）所取代。在新王朝建立的那场屠杀中，倭马亚王朝的残留火种转移到了伊比利亚半岛，凭借直布罗陀海峡这道天堑，建立政权。伊斯兰教势力在伊比利亚半岛一直坚持到15世纪，终于被天主教势力的“再征服运动”逐出了半岛。在半岛上，顶替伊斯兰教势力，崛起了两个新的国家——西班牙和葡萄牙。

伊斯兰教势力走了，但他们的食物、习俗、建筑都留在了半岛，在西班牙南部的科尔多瓦（Córdoba），科尔多瓦大清真寺和科尔多瓦王宫都能带给人伊斯兰教统治时期的记忆，而西班牙和葡萄牙的居民也极其喜爱伊斯兰风味的食物——肉丸、菜汤、炒饭……当然也包括各种诱人的甜品。

葡萄牙的飞龙头其实亦来自一种伊斯兰的风味食品。在中东的伊斯兰世界，曾经流行一种名叫Sanbusak或者叫Sanbusaj的食物，它可以是咸味的，也可以是甜味的——面团捏成三角形或半月形以后，填入肉、蔬菜、奶酪、水果等任意一种或几种馅料，在芝麻油中炸成金黄色。这是广受穆斯林欢迎的一种小点心。而今天的印度，有一种叫印度咖喱角（Samosa）的小点心。在伊斯兰教政权德里苏丹国统治印度的13或14世纪，中东的油炸食品Sanbusak通过中亚传入印度次大陆，经过几个世纪的变迁，变成了今天三角形的印度咖喱角。油炸制作甜点的方式自然也传入了伊比利亚半岛，经过几个世纪的变化，变成了葡萄牙的特色油炸食品飞龙头，再随着大航海时代的海船穿越大半个地球，漂泊到东方的日本，变化成了雁拟，这真是一种奇妙的缘分呢！

历史上，味道漂洋过海并不是只有这样一个孤证，还有一种流行于土耳其、堪称甜品鼻祖的甜点，名字如雷贯耳，叫巴克拉瓦（Baklava）。而无论是雁拟，还是 Sanbusaj，恐怕都得叫巴克拉瓦一声“祖宗”。

巴克拉瓦的名字是从土耳其语传入英语的，而土耳其语中这个名字的来源，人们还在争论中。有学者认为那是来自古突厥语，也有学者认为，这个词语是从蒙古语传来的，还有学者认为，这本是一个波斯语词语。看起来，巴克拉瓦似乎是一个随着中亚民族的游牧而传播到土耳其，然后发扬光大的甜点，而阿拉伯人也是从土耳其人那里学会了制作巴克拉瓦。

巴克拉瓦究竟是一种什么样的甜点呢？巴克拉瓦的历史，可能比它的名字古老得多。古罗马的学者老加图（Cato the Elder，前 234—前 149）在他的名作《农业志》（*De Agri Cultura*）里提到了古罗马人做的一种甜点——古罗马人把面团捏成球形，然后把蜂蜜和奶酪混合成黏稠的液状，浇到面团球上，直到完全覆盖球体，把它放置到烤炉里烤熟以后，再浇上一层蜂蜜。听起来这似乎是一种早期的蜂蜜奶酪蛋糕，但已经有了巴克拉瓦的基本元素——蜂蜜、面团、烤制，这三种元素构成了巴克拉瓦的制作方法，所以，许多希腊人坚持认为，是罗马帝国时代的味觉传递到了希腊化的拜占庭帝国时代，影响了在拜

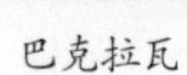

巴克拉瓦

占庭废墟上建立起来的土耳其帝国，才有了巴克拉瓦这种食物。

土耳其人当然有不同的看法，在土耳其，一种名叫 Güllaç 的食物被认为是巴克拉瓦的前身。这是一种在伊斯兰教斋月特别流行的甜点。土耳其人用玫瑰浸泡出的玫瑰水混合面团和牛奶，然后加入石榴、核桃等使其凝固成型，蒸制成含有玫瑰芬芳的甜品。Güllaç 的意思就是“含有玫瑰的食物”（虽然今天也有人认为这个名字的意思是甜点本身的样子像玫瑰的花瓣）。

Güllaç 和巴克拉瓦一样，有温柔地包裹着水果和坚果的面团，而它的“玫瑰”属性更能追溯到蒙古帝国时代。元朝天历三年（1330），忽思慧写成了一部营养学著作，将自己多年担任元朝宫廷饮膳太医的食疗经验留传后世，这本三卷本的著作叫《饮膳正要》，可谓是世界上最早的一本营养学著作。在这本书中，作者除了谈论各种饮食禁忌、各种食物特性外，还列出了许多食疗的偏方。在《诸般汤煎》一章中，忽思慧介绍了抠桂渴忒饼儿：用抠桂、渴忒、新罗参、白纳八四味药材为原料，渴忒用玫瑰水化成膏，和入其他药材，用诃子油做成饼，这种药饼，想必就是 Güllaç 的原型吧。如果这一溯源成立，那么巴克拉瓦或许就真的如名字的来源一样，是通过蒙古这样的游牧民族，向西通过中亚传播到今天的土耳其和中东一带的。

也有人把这道甜点追溯到奥斯曼帝国的宫廷料理，翻找巴格达迪的《烹饪书》，人们找到了一款名叫 Lauzinaq 的料理，是用酥面皮包裹着杏仁，浇上糖浆制作成的糕点，这也被人们当作是巴克拉瓦可能的起源之一。

综合如此多的线索，美食侦探大约可以做出一个评判了：今天风靡西方世界的果仁蜜饼巴克拉瓦，或许是一个“混血儿”。中亚的游牧民族蒙古、突厥等一路西来，带上了波斯、阿拉伯等地的甜点制作秘方，和西方拜占庭帝国传承的罗马食物“结婚”，慢慢发展出了今天我们看到的巴克拉瓦的模样。奥斯曼土耳其人又以刀枪为媒，把巴克拉瓦带到了他们征服的地方——巴尔干、中欧、阿拉伯等地。

巴克拉瓦其实就是果仁蜜饼，它是在高温烘烤中制作而成的。有一个朋友把路边买到的千层饼放进了烤箱，不到几分钟，出来的却是一份千层酥。烤箱的高温，能快速抽走面团中的水分，让面团变成酥脆的样子。巴克拉瓦也是烤箱中180摄氏度高温造就的结果，多层的面饼，用黄油或植物油、橄榄油分隔，铺上满满的核桃、杏仁、阿月浑子等坚果，切割成方形或三角形，在烤箱中经过火的淬炼，出来的就是酥脆酥脆的巴克拉瓦“千层酥”。这时，趁热浇上一勺蜂蜜或玫瑰水，果仁蜜饼新鲜出炉。

巴克拉瓦是众多甜点的“祖宗”，您看，仅仅在土耳其，就有无数巴克拉瓦的“子孙”。有用牛奶代替糖浆的Sütlü Nuriye，泛白的酥皮上洋溢着奶香；有夹心中装满阿月浑子果碎的Bülbül yuvası，凝固的糖浆闪耀着夺目的光辉；有用奶油和坚果制作成的Şöbiyet，覆上一勺冰淇淋就能制作成冰火两重的绝味甜品。

走出土耳其国门的巴克拉瓦更为多姿多彩。伊朗人秉持着元朝人的老做法，用玫瑰水制作波斯风味的巴克拉瓦，杏仁、阿月浑子等坚果和豆蔻香藏在馥郁的玫瑰糖水之下，只有咬开以后，才能绽放光彩。希腊人笃信巴克拉瓦必须做33层，象征着主耶稣基督在人世间的寿命只有33年。从中亚的亚美尼亚，到非洲西北角的摩洛哥，无数人在享用着巴克拉瓦。

有人说，音乐可以跨越国界，成为不同国度人交流的语言。或许，美食也可以。

三、哈尔瓦
——切糕之祖

在土耳其的糖果店里，能发现一摞摞叠得整整齐齐的条状糖果，如果你需要购买，店员就会用特制的小刀切割开来，放进精致的盒子里，而且还欢迎你每一样都试尝一口。喜欢甜品的人，往往尝着尝着就完全停不下来了，有榛果味、杏仁味、芝麻味、葡萄味……于是，就带回一盒五颜六色的切割糖果。后来才知道，这嚼着黏牙的糖果，名字叫哈尔瓦（Halva）。而且，还是诸多国家甜品的鼻祖。

带着对这一种大名鼎鼎的甜品的强烈好奇心，我决定再做一回小白鼠，感谢大能的互联网，使我能买到千里之外的希腊包装进口的哈尔瓦。说实话，在尝试过土耳其那精致的哈尔瓦后，第一次看到希腊哈尔瓦这东西，其实内心是有点儿抵触的。

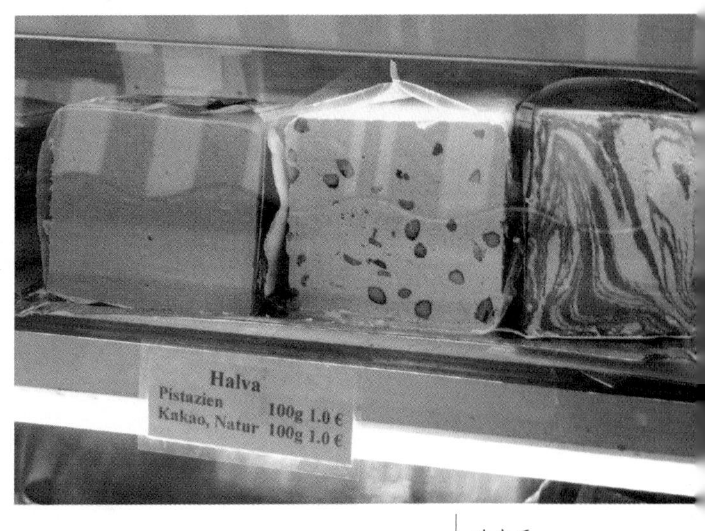

哈尔瓦

在轻轻揭开包装后，赫然发现里面装着一种奇怪的甜点——类似鸡胸肉煮熟后呈现的纹理，带着巧克力色，把它扣在碟中，用勺子轻叩，原来压得密如茶砖，切割下去，可以触及糖丝撕裂的快感。

鼓起一丝勇气，用勺子取了一小块，放进嘴里。在品尝了一分钟后，迅速写下了“一合酥”三个字，然后传递给朋友。而朋友的反应大同小异，先是以惊讶而怀疑的表情看着这种食物，然后怀着惴惴不安的心情放入口中，然后叫出各种不同的食物的名称：“龙须糖！”“麦芽糖！”“花生酥！”……

其实，当这一块希腊哈尔瓦最初放进嘴中的时候，可以感受到浓郁的芝麻香，用舌尖慢慢浸润，让表面的糖分溶解，就能感受到里面还有带有一丝韧性的芯，细嚼有黏牙的感觉，巧克力的味道开始在齿间徘徊。这时，再翻出盒

哈尔瓦

子来看配方：带有芝麻颗粒的芝麻酱、葡萄糖浆、糖和黑巧克力——这几种甜蜜的物质，构成了这样一种神奇的甜品。

当我把土耳其商店中哈尔瓦的照片发给朋友一瞧，朋友几乎是脱口而出："嗨！不就是切糕嘛！"

没错，土耳其出售的哈尔瓦，方方正正，带着各种独特的纹路，有的像黄花梨，有的像紫檀木，有的像星辰大海，有的像高山深谷，还有的如同镶嵌着鸢尾花的欧洲贵族纹章，一眼就能让人想起切糕来。

新疆的切糕，又名玛仁糖，也是一种压制的食物。吐鲁番的葡萄在昼夜温差极大的环境里，凝聚了大量的糖分，在葡萄成熟的日子里，吐鲁番人用双手挤压出葡萄里丰富的汁液，将琼浆一般的葡萄汁在大锅里熬煮四个小时，提取出浓缩的葡萄糖浆。上好的核桃仁、吐鲁番的葡萄干、西域人喜爱的巴旦杏和芝麻，都被倒入黏稠的葡萄糖浆中，反复搅拌，凝为一体，趁热放入木槽，压实，挤出水分，最后切割开来，成为一块块厚实的切糕。

玛仁糖的味道就是极致的甜，新疆吐鲁番地区气候炎热，号称"火洲"，是中国温度最高的地区。人体在炎热的环境中会流失大量的水分，而吐鲁番的夜晚又独具沙漠地区特色，所谓"早穿皮袄午穿纱，围着火炉吃西瓜"，甜食能为人们提供尽可能多的热量，从而抵御夜晚的寒气，这是在不毛地带生活的人们千百年来传下来的一点儿生存经验。

切糕的鼻祖哈尔瓦的名字来自阿拉伯语ḥalwá，这个词语的词根意思就是"甜"，哈尔瓦这个名词，向东传播到印度半岛，向西传播到土耳其，然后一路发展。今天，从亚洲中部地区到欧洲中部地区的辽阔区域里，各种不同的哈尔瓦百花齐放，形成了一个哈尔瓦大家族。

大体来说，哈尔瓦可以分为两大类：面粉制作的和坚果制作的。前者在印度和中亚十分流行，印度人用小麦面粉，加入糖和蜂蜜，制作成凝固剂，将杏仁、核桃、葡萄干、红枣等各色干果裹在其中，蒸熟以后压紧。在巴基斯坦、尼泊尔、孟加拉国等地，用粮食制作的哈尔瓦广为流行，巴基斯坦人甚至还用马铃薯泥、山药泥、胡萝卜泥、绿豆泥等代替面粉或小麦粉来制作哈尔瓦，极大地丰富了这一家族的成员数量。

在土耳其，面粉制作的哈尔瓦却是一款很特殊的食品。当土耳其人悼念一位亲人时，往往会用面粉制作一款名为 Un Helvası 的哈尔瓦分享给亲属、邻居、客人，大家在品尝甜品的同时表达对往者的哀思。而更为流行的是用粗粒小麦粉制作的哈尔瓦。杜伦小麦（Durum Wheat）磨制的面粉比一般小麦粉更粗，适合做意面或甜品，但是粗粒小麦粉并不具有很强的黏性，所以往往需要加入许多的糖浆或蜂蜜，制作成质地比较松散的哈尔瓦。土耳其的许多自助餐点中，都会出现一些淋着糖浆的面粉甜品，也是粗粒小麦粉制成的。

另一种哈尔瓦是用坚果制作的，就如玛仁糖一样，用大量的糖浆和蜂蜜长时间熬煮，加入坚果，凝固压紧制成切糕。许多镶嵌着坚果的哈尔瓦，有着华丽的纹路，如同土耳其人制作的地毯一样花团锦簇。在许多出售土耳其软糖的商店中，也顺带会出售条状的哈尔瓦。所有的哈尔瓦都会被整齐地码在货架上任人挑选，这景象，是强迫症和处女座的福音。

其中，最特殊也最好吃的一种，叫 Pişmaniye，俗称“棉花哈尔瓦”。棉花哈尔瓦当然不是棉花做的，它的外表看起来有点儿类似棉花糖，但做法却完全不一样。许多人应该吃过拔丝菜肴，加热后未凝固的糖浆，会产生拔丝的效果。Pişmaniye 外表披着的这件“羊毛衣服”其实就是糖浆拔丝，它的内芯则是面粉和黄油。这样制作出来的哈尔瓦，外表纯净如雪，在众多的产品中，特立独行，而入口也颇有层次感。

今天的哈尔瓦，简直是一款世界性美食。在 1840 年左右，英国人从他们殖民的印度那里学到了这个词语，从而把哈尔瓦带进了英语世界。而被哈尔瓦征服的国家，可以组成一个小联合国：土耳其、希腊、塞尔维亚、波黑、黑山、阿尔巴尼亚、保加利亚、克罗地亚、埃及、印度、伊朗、以色列、波兰、罗马尼亚、俄罗斯、阿根廷、巴西……

四、布丁的故事

至今为止吃过的最好吃的一片布丁，是在土耳其伊斯坦布尔吃的。

正在尽情享用烤鱼大餐的时候，侍者端上了一个白色的碟儿，上面放着一片同样是白色的玩意儿，色如琼脂，颤巍巍地在盘中抖动，表面还撒着五颜六色的糖果粒，这是——豆腐么？

豆腐这种中华大国发明的神奇食物，怎么会以这样的形式出现在异国他

乘坐长船的维京人（俄国画家 Nicholas Roerich 绘于 1901 年）

乡的餐桌上？带着一丝好奇，轻轻切了一块放进嘴里。啊！原来是布丁！而且竟然是冰凉清爽的口感，好似炎炎夏日得到了一只瓤红味甜的西瓜，而糖粒在牙缝中咔啦咔啦地脆响，和软糯的布丁形成鲜明的对比。烤鱼大餐后的甜品，没有比这更合适的了。

布丁，在许多人的记忆里，似乎是英国人的专利。然而，英国人更喜欢的是米布丁。在英国这个文学的国度，文学作品中不止一次出现米布丁（rice pudding），英国人的米布丁甚至可以追溯到都铎王朝时代，最早的米布丁菜谱记录出现在1615年。考虑到英国历史上曾经遭受维京人入侵，很有可能他们的布丁传统是从维京人生活的北欧传入的。今天的斯堪的纳维亚半岛上，布丁依然是一种流行食物，特别是在圣诞节的前夜，挪威人、瑞典人、芬兰人、冰岛人、法罗群岛人几乎是不约而同地享用米布丁，他们还喜欢做一件类似中国人过年吃饺子时干的事儿——把一颗杏仁藏在一盘米布丁里，吃到这颗杏仁的人，将会幸运一整年。

虽然今天的维京人是如此喜爱米布丁，但并不意味着米布丁是他们的发明创造。许多学者倾向于认为米布丁来源于人类文明的摇篮——中东。维京人在公元8世纪后期开始侵扰英国，并在随后横行于大西洋东岸，一路南下。他们或者在伊比利亚半岛和地中海的商人展开贸易，或者在东欧地区顺着伏尔加河进入里海，与斯拉夫人和中东民族展开交往。也许在那个时候，地中海沿岸的食物也慢慢地进入了维京社会中。

换句话说："我们不生产米布丁，我们只是米布丁的搬运工。"

米布丁，有时和我们一般概念中的布丁有点儿不一样，有很多米布丁类似于我们中国人吃的稀粥，以至于很多人认为，即便是中东地区的米布丁，也有可能是在中国人影响下产生的。毕竟，中国是稻米的故乡。在中国古代，米布丁似乎早已存在，宋朝的名臣范仲淹就有"划粥而食"的故事。范仲淹年幼时家境贫寒，所以就每天取粟米二升，煮成粥，粥冷却凝固后，划成四块，早晚各取两块，配上“断齑数十茎，酢汁半盂”，加入一点点盐，用以果腹。现在看来，范仲淹做的似乎就是一种米布丁，只不过，他是“咸党”的做法，而今天绝大多数的布丁，是“甜党”的势力范围。比如广东地区盛产的“钵仔糕”，就是把米粉用水调成糊以后，加入糖水、果汁、西米露、红豆粉等各种调味品，用大火蒸熟，冷却凝固为水晶状。每当晨曦初露，广东的早茶店里就热闹起来，老人们拿着当天的早报，踱进店里，找到熟悉的座位，点上一壶茶，各式点心轮番地上，当然，也少不了一份刚出炉的热气腾腾的钵仔糕。甜甜的钵仔糕，正适合搭配微苦的南方茶。

无论是什么样的米布丁，当然都离不开米，短粒米、长粒米、香米、黑米……各种米都可以做成布丁，另外要加的就是调剂味道的东西，通常是倒入牛奶或椰奶，加入糖或蜂蜜，有些不同口味的会加入豆蔻、肉桂等各种香料或柠檬汁、橙汁、玫瑰水等各种调味料。最后是凝固成型，通常是用鸡蛋或奶油这样的东西将所有的食材拌在一起，混合成膏状或琼脂状的布丁，也可以如范仲淹那样，单纯把成品冷却凝固。

米布丁是一种很神奇的甜品。米饭是人类摄取淀粉的主要来源，淀粉和嘴里唾液混合会渐渐产生淡淡的甜味，食用稻米的时候，细细咀嚼，就可以吃出甜的味道来。这种味道，和牛奶、蜂蜜相得益彰。甜味，能最大限度地为在沙漠里生活的人们提供热量，以帮助人们适应沙漠昼夜温差大的气候，在沙漠里游牧的中东人尤其喜欢这样的甜味料理。这不，阿拉伯人就用牛奶、米粉、糖和玫瑰水制作出他们的米布丁——Muhalibiyya，以色列人也用玫瑰水加工米布丁，再摆上一小撮肉桂和葡萄干提味。

土耳其人擅长制作一款很好吃的米布丁，名叫 Sütlaç，通常是烤制的，所以称为烤米布丁——Fırın Sütlaç。他们将大米煮熟，加入糖、牛奶和 Pekmez（中东和土耳其的甜味调味品，在土耳其，一般是用桑葚、无花果等果子制作的汁液加入糖调配，而阿拉伯人会用他们喜爱的海枣和地中海常见的石榴、葡萄等调配），用淀粉把所有食材调和成稠糊状，打入一个鸡蛋，使布丁被鸡蛋的美丽黄色所包围，此时，放入烤箱，高温下，一部分蛋黄渐渐变成黑色，从而在布丁的表面留下了太极图一样的印记。冷却后放入冰箱储存。

烤制过的布丁表面有酥皮，内芯甜软，果香和米香浓郁，适合在炎热的夏天，待在空调房间里，用一个小勺子慢慢挖着吃。许多土耳其餐厅里提供的米布丁像是一件艺术品，在晶莹剔透的玻璃碗里，盛放着黄色的米布丁，在餐厅迷离的灯光下，玻璃器皿散发着黄色的光，仿佛大巴扎里悬挂着的土耳其灯具，自然而然带着点儿神秘的气息。

这倒让我想起家乡的甜酒酿来。每一碗甜酒酿都是经过了时间洗礼的，上好的白糯米，洗净以后浸泡 12 小时以上，然后上锅蒸熟，放凉了以后拌入

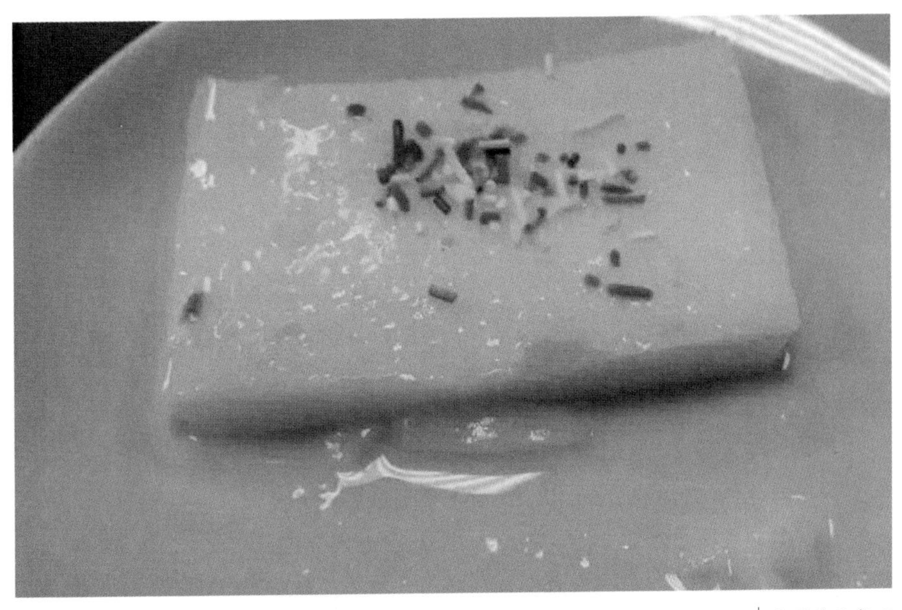

土耳其的布丁

酒曲，搅拌均匀，让酒曲和糯米牢牢结合，最后在中央挖一个浅浅的“酒窝”，放入最后一点儿酒曲，加上一点儿水，盖严，等待它静静发酵。在接下去的几天，酒曲慢慢“感染”糯米，最终制作成了洋溢着酒香的甜酒酿，米中饱含的淀粉的甜被酒曲带了出来，释放到极致，配合着发酵产生的那一丝点到即止的酸。酒酿最好的吃法就是煮进甜的蛋汤里。细颗粒的糯米和两只凝固成型的蛋在汤中载浮载沉，在灯下泛着微微的光。鸡蛋，做到流黄的最佳，用勺子轻轻一割，蛋液缓缓融入酒酿中，吹开碗上腾起的热气，黄、白、清三色流融，带微酸的甜，混杂着糯米的软糯、鸡蛋的香滑，流泻到喉中，淡雅的酒香直透鼻翼。小贩在大街小巷中带着浓重乡音叫卖的甜酒酿，可以说是江南水乡人对“米布丁”最深刻的记忆，土耳其人的米布丁，大概也是很多土耳其孩子的童年记忆吧。

另一种著名的布丁，却和一个重要的宗教节日联系在一起，被赋予了更深刻的文化含义。

布丁的名字叫“阿舒拉”（Aşure），又叫“诺亚布丁”（Noah's Pudding），与这个名字密切相关的宗教节日，就是阿舒拉日。

“阿舒拉”这个词语，来自中东地区古老的闪米特语（Semitic），意思是“第十天”。在伊斯兰教中，什叶派比较重视阿舒拉日，即阿拉伯太阴历 1 月 10 日。相传此日是古代几位先知脱险之日，穆罕默德迁麦地那后，逢此日便斋戒，以示纪念。在公元 680 年，即伊斯兰教历 61 年的 1 月 10 日，什叶派第三代伊玛目侯赛因在今天伊拉克境内的卡尔巴拉（Karbala）遭到杀害。

而源自中东的三大宗教——犹太教、基督教和伊斯兰教在许多方面有相似之处，它们的经典、神话传说、信仰体系都有很大的相似之处，从本质上说，基督教和伊斯兰教都源自犹太教。所以，阿舒拉日这个节日，对于三教也都有不同的意义。比如犹太教和基督教相信诺亚方舟是在这一天停泊在亚拉腊山，人类终于迎来洪水退却、大地重现的日子。基督教认为这一天也是耶稣蒙难获救升天的日子。对于逊尼派穆斯林来说，这一天也是先知穆罕默德所规定的斋戒日，是为了纪念先知穆萨（Musa，即犹太教的先知摩西）以杖击水分开红海，让民众从法老军队的魔掌下获救的日子。

在这个特殊的日子里，就用这样一款特殊的甜品来纪念。相传诺亚在方舟靠上亚拉腊山后，开始制作庆祝洪水退却的一餐，这个时候，方舟上的食物几乎耗尽，只剩下一点儿米、果仁和水果，诺亚就决定将所有的食材混合到一起，制作一款米布丁，用来喂饱方舟上所有幸存的生物。

所以在今天的土耳其，人们会在这一天，制作这款名叫“阿舒拉”的米布丁，分享给邻居、家人、朋友、同事，大家不分种族，不分信仰，和乐融融，共同享受食物带给人们的快乐，共同庆祝人类劫后余生的美好生活。

五、冰淇淋小贩的魔法

在进入希拉波利斯古城的道边，排开了一列简易小车，一群冰淇淋小贩在向每个进入古城的游客招揽生意：

“Three Lirası！”（3 里拉！）

“Free！”（免费！）

土耳其冰淇淋

游客们一阵哄笑：最后那位，为了抢生意，也太拼了吧！

然而你要认为土耳其的冰淇淋小贩忒实诚，那你就上当了，等你付了钱要冰淇淋的时候，哼哼！小贩对你的考验刚刚开始。

看，小贩递给你一个蛋筒，在深深的桶里鼓捣着年糕状的冰淇淋，发出“咚咚”的声音，然后用长棍扯出一条来，迅速团成团子粘在蛋筒上，当你心满意足准备拿走时，小贩把长棍一抽，从蛋筒里粘走了另一个蛋筒，顺带也粘走了你的冰淇淋——小贩早就做好了“俄罗斯套娃”版的蛋筒递给你，就等着这一刻呢！在你哭笑不得的时候，小贩无辜地瞪你一眼，把手里的冰淇淋再粘到另一个蛋筒上，举着长棍递给你，刚到你手中的时候他又会抽走，在你手里仍然留下一个空蛋筒。如是者数次，一个促狭的小贩，完全可以用这个把戏把顾客玩上四五分钟，这个时候，什么“顾客是上帝”的话全抛在脑后了，在土耳其冰淇淋小贩的世界里，顾客是玩具。

啊，作为一个纸书作者，遗憾的是现在的科技还没进步到纸质书能插入微视频的地步，否则，真想在这里播一段视频，只有视频才能让你体验到土耳其冰淇淋小贩的蔫儿坏。

可是，许多去土耳其的游客却乐此不疲地要被冰淇淋小贩“耍”上一阵，这简直是土耳其旅游中必有的一项“异国体验”。每个被小贩耍的游客都笑得咯咯响，周围的人拿出手机各种拍，小贩则拿着两个冰淇淋蛋筒，倒转过来，露出带点儿狡黠的笑容。

好啦，问题来了：这东西为什么那么黏？

土耳其冰淇淋中有一味其他冰淇淋都没有的料——色利普粉（Salep），这是土耳其冰淇淋小贩变魔术的道具。

色利普粉是使用兰科植物红门兰属（Orchis）部分植物的块茎做成的粉末。红门兰属的四裂红门兰（Orchis militaris）等植物有着指头状的地下块茎，把这个块茎挖掘出来，如甘薯一般磨出淀粉，用这种淀粉就能做成色利普粉，然后可以做成饮料、糕点。

在奥斯曼帝国统治时期，人们就流行用这种色利普粉制作各种食物，尤其喜爱将它加入饮料中，在咖啡和红茶大行其道前，这就是最受欢迎的休闲饮料。很快，这种饮料通过帝国与欧洲之间的战争与和平贸易，迅速普及到了德意志地区，接着就向西欧扩散，直到越过英吉利海峡到了英国。

同样一种物品，在不同的文化背景下，会有不同的理解。兰花在东方文化的语境中往往是君子的象征，但在西方文化中，很长一段时间里，由于色利普粉的存在，兰花被很多人与某种"羞羞"的事情联系到一起。人们总是会没来由地相信某种自然界的物质带有壮阳或者催情的作用，其中相当一部分是因为它们的形状，比如山药、泥鳅、淡菜……色利普粉也是因此而"中枪"的自然界产品之一。连有些早期的医学学者都相信它因为根茎的形状而有这方面的功效，中世纪时著名的医师和化学家帕拉塞尔苏斯（Paracelsus，Philippus Aureolus，1493—1541）就是其中之一，他指出："难道你们不觉得这个玩意儿真的很像吗？所以谁也不能否定它在恢复男性的雄风方面有着魔力般的作用！"

曾经，英伦大地流行喝色利普粉饮料，人们在其中加上牛奶和糖，如后来喝咖啡和英国红茶一样享用它。或许在拿破仑战争期间，许多英国士兵就是在战前拿着色利普粉饮料觥筹交错，然后精神百倍地去和皇帝陛下死拼。但由于越来越多的人相信它和"嘿嘿嘿"关系密切，并且能治疗某些性传播疾病，在公开场合喝这个就成了一件不太好意思的事情。在18—19世纪一度流行的名为Saloop的饮料就这样逐渐退出了流行风潮。

这种传闻越传越玄乎，色利普粉几乎可以成为黑魔法的代名词。在《福尔摩斯探案集》中曾提到一种叫"魔鬼脚跟"的虚构药物，邪恶的莫梯墨·特雷根尼斯将这种用植物根茎做成的粉末加到蜡烛里，燃烧发出的烟当场让三人

Turkish

不幸送命。“魔鬼脚跟”是一种能让人产生致命的幻觉的东西，和色利普粉一样，都是来自植物根茎，而两者同样被虚构出了奇怪的具有黑魔法效力的传说。这种传说还影响到了前卫艺术，著名摇滚乐团“爱神之子”（Aphrodite's Child）就宣称他们的《666》这张专辑是在色利普粉饮料的作用下写出来的。当然，除此以外，我们还没有确切证据证明其他的某些产品或作品是设计师或创作者在受色利普粉饮料影响后进入“贤者模式”被激发灵感而诞生的。

土耳其冰淇淋

大家尽可放心的是，目前尚没有吃土耳其冰淇淋吃到“欲火焚身”的记录，至少土耳其满大街游客的“以身试药”证明了这一点。

初遇土耳其冰淇淋，有许多人很难相信这是冰淇淋。因为小贩在桶里“咚咚”鼓捣的那个东西太像年糕了，以至于它如云朵一般被抹在蛋筒上交到你手里时，你会有那么一刻迟疑。然后下口咬时，你才会发觉它竟然真的是冰的，而且口感和年糕完全不同，咬下一口会产生“拔丝”的效果，同时，浓郁的奶香和甜味会伴随着冰爽刺激味蕾。啊，这毕竟是色利普粉加上了牛奶（或羊奶）、糖和乳香等材料做成的，是真正的冰淇淋。

土耳其人把这种冰淇淋叫“东多玛”（Dondurma），意思是“冰冻的，冻住的”，而这个词语读起来，也和小贩鼓捣着冰淇淋的声音一样。

这和我们平常认识中的冰淇淋大不一样。大众熟悉的冰淇淋源自意大利，坊间传说是马可·波罗从中国千里迢迢把源自元朝时期的冰淇淋做法带回了意大利，这种说法靠谱性甚可怀疑，但是许多人都相信中国人发明了制冰的方法，这一方法和16世纪意大利人发现的方法如出一辙。意大利最古老的大学之一帕多瓦大学（Università degli Studi di Padova）的一位学者Marcantonio Zimara（1460—1532）发现把硝石（KNO_3）放入水中反应，可以让水温迅速降低，其后，另一位学者Bernardo Buontalenti（1531—1608）利用这一原理发明了用硝石制冰的技术。这一技术据说由统治佛罗伦萨的梅第奇家族垄断，在1533年，凯瑟琳·德·梅第奇嫁给法国的奥尔良公爵（后来的法国国王亨利二世），冰淇淋技术据说因此被带进了法国王室。一个世纪以后，英国国王查理一世据说也享用上了冰淇淋。至少到17—18世纪，英法这两个欧洲主要国家都已经出现了冰淇淋。

而冰淇淋来自中国的传说，今天看来很可能和原料硝石有关，毕竟，硝石是制作黑火药的主要原料之一，而黑火药是大名鼎鼎的中国舶来品，打碎欧洲骑士制度的功臣。

而另一方面，中国也很早就有了吃冰的习俗。至少在唐朝，富贵官宦人家夏季用冰食冰已经不是件新鲜事。唐玄宗最宠信的宰相杨国忠，在夏季的时候就凿冰为山，围冰宴饮。而皇帝也经常在夏季赐冰给大臣，白居易的《谢恩表》中就有“饮冰”的记录，而曾担任过宰相的李德裕更是记有“以酒和冰饮”。中国人在夏天的“会玩”可谓是源远流长。

今天的冰淇淋则是用更为先进的机器制作，基本上所有的冰淇淋都离不开以下几个成分：乳制品、糖、油脂以及将这些东西凝固成型的食品添加剂。在食品添加剂（大家不用对合理的食品添加剂谈虎色变，事实上，许多食品都有正常的食品添加剂）中，用以定型的往往是胶质、海藻酸钠、阿拉伯胶等，用以乳化的则是甘油酯、卵磷脂等，再加上抹茶、果汁等添加味道和香味，就做成了一款色泽亮丽、楚楚“冻人”的冰淇淋。

而土耳其的东多玛却不走寻常路，它除了牛奶或羊奶、糖、水等材料外，其成型完全依靠独特的色利普粉——色利普粉加上奶、糖、水，煮沸以后再用小火煮一小时，就变成了乳状物质，迅速冷却以后经过长时间反复捶打，空气进入其中，产生反应，逐渐黏稠。所以没有一款冰淇淋像它这样经得起“千锤百炼”。入口以后，既有普通冰淇淋的冰爽和颗粒感，也有其独特的韧劲。在土耳其，有那么一种风俗，吃冰淇淋的时候，必须配上一杯温的饮料或水，因为土耳其人相信冰的东西会导致咽喉肿痛或肠胃不适，或者这种又黏又韧又冷的食物可能会堵塞咽喉，所以一杯温暖的水就成为必要的伴侣，这好像是土耳其人眼中的养生之道，也从一个侧面说明这种冰淇淋是多么让人欲罢不能。

神奇的色利普粉让土耳其人颇为自豪。土耳其的卡赫拉曼马拉什（Kahramanmaraş）地区的山地中盛产色利普粉，因此，土耳其冰淇淋也被叫作“马拉什冰淇淋”（Maraş Ice Cream），土耳其甚至禁止该区域的色利普粉出口，所以，在土耳其以外的许多国家和地区，要制作这种冰淇淋只能采用人工制造的色利普粉替代品。

色利普粉制作的冰淇淋已经成为土耳其的代言产品，走在街上，所到之处都是带着狡黠微笑的冰淇淋小贩。冰淇淋不是夏天的专利，一个很奇怪的现象是：即便是冷得瑟瑟发抖，你也会有吃冰淇淋的欲望。在伊斯坦布尔的王子岛，码头吹着博斯普鲁斯海峡刮来的风，带着一丝海的味道直钻衣领，然而码头旁一家卖冰淇淋的店却门庭若市，长得出奇的蛋筒上最多可以放置三片云朵般的冰淇淋，口味各不相同——柠檬、巧克力……色利普粉的作用让它们互相紧紧靠在一起，一口就能尝到三种味道不断交融，此时，海风也变得轻柔起来，马车的叮当声也更为悦耳，这大约就是土耳其的魅力。

The Tastes of Turkey

4 喝的故事

端着咖啡的女郎

一、神秘的占卜饮料
——土耳其咖啡

2015年7月5日，在德国波恩召开的第39届世界遗产委员会会议上，牙买加的蓝山和约翰·克罗山脉被批准为世界自然与文化双遗产。这是牙买加这个美洲小国的第一个世界遗产。

蓝山能被列为世界遗产，不仅仅是因为在这个国家公园里栖息着诸多濒临灭绝的珍稀物种，同时还因为该区域与牙买加当地的黑奴（Maroon）文化及信仰密切相关。虽然联合国教科文组织将之列入《世界遗产名录》的本意如此，但更多的人却把关注点集中在了“蓝山咖啡的故乡”上面。

的确，谁让咖啡是世界上最流行的饮品之一呢?

关于咖啡走入人类生活的传说，最为流行的一个是这样的：一个生活在非洲埃塞俄比亚的名叫卡尔迪（Kaldi）的少年，有一天发现他饲养的羊兴奋得直跳，就把这个奇怪的现象告诉了附近的修道院。修道院的修士很快查清了出现这一现象的原因——羊吃了山间生长的一种红色果实。于是，这种红色果实伴随着修道院度过了无数个不眠之夜。

这个故事出自1671年在罗马印制的一本小册子《咖啡论：其特性与效用》（*De Saluberrima potione Cahue seu Cafe nuncupata Discurscus*），作者是罗马的一位学者奈罗尼（Antoine Faustus Nairon）。但数百年来，众多的研究者都认为，奈罗尼的故事纯属扯淡，但奈罗尼虚构出来的那个卡尔迪，却因此成为今天许多咖啡店或咖啡厂家的品牌。

尽管传说很不靠谱，但现在许多学者公认，咖啡的确应该是源自埃塞俄比亚。有意思的是，最早食用咖啡的阿拉伯人并没有把它当作饮料来喝，而是直接把咖啡的果实嚼在嘴里，想来应该是满嘴苦汁的感觉。这个时候，“吃”咖啡，应该算是一种用药，甚至是一种“修行”吧。而喜好在沙漠中旅行游牧的阿拉伯人为了随身携带，也开始把咖啡豆和动物脂肪混合，做成新的食物。大概在10世纪的时候，人们终于开始想到咖啡豆可以煮成饮料，在当时的波斯著名学者拉齐（Abū Bakr Muhammad ibn Zakariyā al-Rāzī，西方一般称为Rhazes，865—925）的记载中，出现了将咖啡豆捣碎煮出汁液饮用的方法。当然，此时的咖啡豆仍然是没有经过烘焙的干咖啡豆而已。拉齐是一个著名的“炼金术师”，干的却是早期化学家和医生的活儿，他很有可能是在研究中收集或发现了咖啡的“饮料”特性。而人们开始学会烘焙咖啡豆使之更醇香则要再过300年，在13世纪，烘焙咖啡才正式出现，今天风靡世界的饮料终于横空出世了。

今人司空见惯的东西，都是古人花了不知道多长的时间逐渐探索出来的成果。

大约在15世纪，咖啡从非洲向东传入了阿拉伯半岛的也门，也门的摩卡港因为这一后来风靡世界的饮品的传入而名声大噪。到16世纪初期，咖啡从也门传入了埃及的开罗，并开始在伊斯兰世界扩展。

在这一过程中，伊斯兰教的苏菲派信徒起到了关键作用。苏菲主义是伊斯兰教本身和神秘主义信仰相结合的产物。关于“苏菲”（Sufism）一词的语源，比较流行的说法是“羊毛”（Sufi）——阿拉伯苦修者身上穿着的羊毛外套，也有人认为来源于Ṣafā，意思是纯洁的、纯净的。苏菲主义以苦修作为主要的修行方式，他们主张禁欲、冥想、修持。咖啡成为苏菲教团在夜间冥想时保持体力和清醒的绝妙秘方。

正因为如此，咖啡在一开始就成为宗教团体内部的秘密。而奥斯曼土耳其统治时期，在帝国境内影响最大的宗教团体是一个名为梅夫拉维（Mevlevi）的苏菲派团体。这个团体的创立者是著名的文学家和哲学家鲁米（Molana Jalaluddin Rumi，1207—1273），这位学者一生最有名的著作就是诗歌集《玛斯纳维》。这位出生于阿富汗的学者在蒙古入侵时背井离乡，最终搬迁到了今天土耳其安纳托利亚中部地区的科尼亚，这里是塞尔柱突厥鲁姆苏丹国的首都。他在此传道授业，去世以后，他的追随者自称梅夫拉纳（Mevlana），意为“我们的向导”，并组织起了梅夫拉维社团，这就是许多前往土耳其的旅行者所熟悉的“旋转托钵僧”社团。到奥斯曼土耳其统治时期，苏菲主义特别是梅夫拉维社团成为最有影响力的宗教团体，甚至受到苏丹的支持。今天的科尼亚依然留存着鲁米的墓地和一座壮观的梅夫拉纳博物馆（实为清真寺），供全世界的来客瞻仰。苏菲主义在奥斯曼帝国境内的盛行，使得咖啡在帝国的传播也成为顺理成章的事情。

于是，咖啡的来源就有了另一个脍炙人口的传说：一个苏菲主义的修行者名叫奥马尔（Omar），他从繁华的也门摩卡港被流放到阿拉伯半岛的沙漠中，又渴又饿，此时，他发现了一种红色果实，他试图拿果实充饥，却发现完全无法咬动。于是，他决定用水把果实煮开，就是这一举动使他无意中发现了咖啡，他把咖啡豆带回了摩卡港，使咖啡成为摩卡港的“魔法之水”。

这个传奇故事的可靠性当然并不比上面说的卡尔迪的故事高多少，但我们可以窥见苏菲主义和阿拉伯人在咖啡传播上所占的重要位置。

今天的“咖啡”一词，英语写作 coffee，来源于荷兰语的 koffie，而荷兰语来源于土耳其语的 kahve，土耳其语则来源于阿拉伯语的 qahwah，从语言的溯源就可以推出一条咖啡的流传路径。

随着苏菲主义的盛行，咖啡在中世纪后期的伊斯兰世界中传播，从也门的摩卡港到麦加、麦地那两个圣地，再到巴格达、大马士革、阿勒颇、马穆鲁克统治下的埃及开罗等大城市，咖啡馆如雨后春笋一般出现了。在著名的开罗爱资哈尔（Azhar）大学，咖啡成为在此修行的学生最喜爱的一种饮料。一种喝了容易上瘾的饮品一旦泛滥开来，就容易引发争议，伊斯兰教教法学者反复争论咖啡这种新兴事物是否违反教法，1511 年，麦加的法庭决定禁止咖啡。

但这个禁令并没有执行多久，1516年，奥斯曼土耳其苏丹塞利姆一世（Selim Ⅰ，1512—1520 年在位）发动了对埃及马穆鲁克王朝的战争，在征服埃及的同时，帝国的统治延伸到了阿拉伯半岛麦加和麦地那，对咖啡的禁令随后就被奥斯曼帝国取消。据说就是在这场战争中，咖啡传到了土耳其。

土耳其咖啡就这样诞生了，一杯纯正的土耳其咖啡绝对不需要现代的过滤性的咖啡机，而是用一个非常简便的大腹小口壶（Cevze），把烘焙过的咖啡豆研磨成粉，加水放入壶中，小火慢炖。咖啡豆的精华随着温度的升高渐渐渗入水中，水色变黑，逐渐浓稠，浓郁的芳香慢慢弥漫到空气中，水面浮起了迷幻般的浮沫，熟练的咖啡师会把表面的浮沫用小勺分离出来，平分在每一个杯子里，然后再煮到起沫，趁热把咖啡从小壶中倒入杯里。一杯纯正的土耳其咖啡带有咖啡本身浓郁的苦味，如果喝不习惯就需要加糖。许多土耳其人喝的是完全不加糖的土耳其咖啡，称“Sade”，略加半茶匙糖的称为“Az şekerli”，加一茶匙糖的称为“Orta şekerli”，如果加入一茶匙半甚至两茶匙的糖则称为“çok şekerli”。到了这个程度，已经是土耳其咖啡加糖的极限——多糖，再添加，恐怕就无法体现土耳其咖啡的风味了。

一个有意思的土耳其风俗是：在结婚前夕，男方的家长会陪同新郎前往女方家中，女方的家长则要招待客人一杯土耳其咖啡，在这一杯咖啡中并不会放糖，而是放盐，这是对男方的一次考验，要促成这段姻缘，新郎只有不动声色地喝下这一杯味道很奇怪的咖啡才行。

土耳其咖啡保留着古老的不过滤的制法，所以在浅斟慢酌之后，你会发现杯底留着一层细细的咖啡渣。

这一层咖啡渣据说可以用来占卜。土耳其咖啡的占卜传说诸多，令这种本已伴随着苏菲主义传播的饮料更增加了一丝神秘色彩。在西方，人们把这种占卜风俗称呼为“Tasseography”，大意就是看喝过的茶杯里茶叶残渣的样子或咖啡杯里咖啡残渣的样子推测未来。在中国许多出售土耳其咖啡的网店，也会附送一份占卜指南，比如咖啡渣呈现新月形代表今天会是极其不顺的一天，半月形则代表今天将一切顺利，满月形则代表今天将无比幸运，另外还有戒指代表婚姻、心代表爱情、蛇代表小人作祟等等。很难分辨这样的占卜指南究竟是不是土耳其本地的产品，然而土耳其咖啡的占卜文化本身就是一种神乎其神的东西。在占卜之前，首先你当然必须喝完手中的那一杯咖啡，然后把咖啡杯下面的杯碟倒扣在杯子上，翻转过来，待咖啡的残渣慢慢冷却，就可以把杯子交给占卜师了。据说许多占卜师的“读法”是把杯子分割为上下两部分，下部的残渣形状代表您的“过去”，而上部的残渣形状代表您的“未来”。一些占卜师还会根据残渣的形状及位置推断某一件事的“吉”或者“凶”，比如残渣形状出现在左侧意味着“凶”，而出现在右侧意味着“吉”，部分占卜师则是用残留在杯碟上的残渣来预测吉凶的。还有一些占卜师认为，从咖啡残渣只能看透人的过去，最多只能预测未来 40 天的命运，超越 40 天，就不是凭咖啡残渣所能预测的了。

这种神奇的占卜法，使土耳其咖啡带上了文化色彩，因而在 2013 年于阿塞拜疆巴库召开的联合国教科文组织保护非物质文化遗产政府间委员会第八次会议上，土耳其咖啡与中国的珠算、日本的和食等项目一起被列入《世界非物质文化遗产名录》。

土耳其咖啡的闻名天下是和奥斯曼帝国的强盛息息相关的，某种意义上说，甚至可以说是奥斯曼帝国用武力为咖啡打开了传播之路。1683年，奥斯曼帝国的大军围攻神圣罗马帝国首都维也纳，是时的奥斯曼帝国已经盛极而衰，在神圣罗马帝国哈布斯堡王朝以及前来援助的波兰国王索别斯基（John Ⅲ Sobieski，1629—1696）的共同防御下，奥斯曼大军被迫撤退。然而这一次进攻却给维也纳人留下了一份遗产——战后，有一个在战争中立下功勋的波兰人耶日·弗朗西什克·库尔奇茨基（Jerzy Franciszek Kulczycki，1640—1694）在维也纳城开设了一家名叫“蓝瓶屋”（Hof zur Blauen Flasche）的店，用土耳其军队留下的咖啡豆制作咖啡并加以改进，据说是他最先在咖啡中加入牛奶，使咖啡变得更为怡人。

维也纳战役（1683年）

1669年，为了巩固土耳其和法国的同盟关系，奥斯曼帝国苏丹穆罕默德四世（Mehmed Ⅳ，1648—1687年在位）派出了一位驻法大使，名叫苏莱曼（Müteferrika Süleyman Ağa），这位傲慢的大使在前往凡尔赛宫朝见同样傲慢的“太阳王”路易十四时，仅简单地穿了一件羊皮袍子，因此被路易十四认为是“大不敬”，被软禁在巴黎。而这位大使在巴黎期间广泛地推介土耳其的咖啡文化，并且邀请上流社会人士来到他的住所开咖啡派对。喝咖啡的习俗在巴黎迅速风靡，1686 年，巴黎出现了一家名叫普罗可佩咖啡馆（Café Procope）的名店，不但出售咖啡，也出售葡萄酒和烈酒，被认为是巴黎最古老的咖啡馆。巴黎的咖啡馆成为男士闲聊、洽谈商务的重要地点，甚至连著名思想家伏尔泰等名人都在咖啡馆谈论文学和政治，到法国大革命期间，巴黎的咖啡馆如弗依咖啡馆（Café Foy）成为革命家发动群众的场所，咖啡文化对法国意义重大。

另外，伊朗的咖啡也是在奥斯曼帝国与波斯敌对的时期引进的。在奥斯曼帝国昔日的统治区域，也有许多国家在品尝着和土耳其咖啡同样风格的咖啡，只不过他们的叫法各不相同。希腊人把自己喝的咖啡叫作“ελληνικός καφές”，意思是“希腊咖啡”，但至少在以前，他们把咖啡叫作“τούρκικος καφές”，意思是“土耳其咖啡”，因为希腊和土耳其在近代历史上交恶，所以才有了这样的更名。巴尔干半岛的波黑人把他们喝的咖啡叫“Bosanska Kahva”（波斯尼亚咖啡），喝波斯尼亚咖啡也成为他们传统生活中不可或缺的一部分。

而把咖啡传入土耳其的阿拉伯半岛人，他们也喝着土耳其咖啡，只不过他们仍然把这种咖啡称呼为“阿拉伯咖啡”或“叙利亚咖啡”，尽管借奥斯曼土耳其的影响传扬，土耳其咖啡的名声已经盖过了“阿拉伯咖啡”的名声。

咖啡的传播也引发了商人的追求。1616 年，荷兰商人从也门的摩卡港把咖啡转卖到了阿姆斯特丹，赚回了近 200% 的利润。欧洲人对咖啡的疯狂让荷兰商人觉得有机可乘，掌握着亚洲殖民地的东印度公司立刻行动起来，把咖啡引种到今天的印度尼西亚爪哇一带，到 18 世纪，世界上 50% ~ 75% 的咖啡都掌握在荷兰东印度公司手中。法国人为了打破荷兰垄断，也采取行动把咖啡引入西半球的海地种植。葡萄牙人和西班牙人则在他们的南美殖民地建咖啡种植园。今天，拉丁美洲、东南亚、南亚、非洲、阿拉伯半岛仍然是咖啡的重要产地，咖啡成为一种世界性饮品。

1776年，美国宣布独立，并发起了独立战争。在反抗英国的战争中，从英国输入的茶叶成为殖民暴政的象征，咖啡成为美国标志性的爱国饮料，加上美国从其“后院”拉丁美洲进口了大量咖啡，咖啡成为美国最受欢迎的饮料。1971年，美国成立了一家主要出售咖啡的连锁企业，这就是今天开遍全世界的“星巴克”。

今天的咖啡，很大程度上成为快餐文化的一部分，早起的上班族，买上一杯星巴克匆匆而行，既做早餐，又能打发“起床气”；工作到忙碌的时候，按下咖啡机的一个键，立刻能出来一杯醇香的提神咖啡，甚至直接抽取一条雀巢，倒入热水即可应急。而小火慢煮的土耳其咖啡，似乎最适合的是在闲暇时，坐在土耳其最美丽的安塔利亚老城，看着地中海上的点点帆影，来上那么一杯。

这，或许是一种对本源的致敬。

二、红茶
——从东方到英伦

1842年，在一场血腥的侵略战争尘埃落定以后，远道而来的英国强盗和看似庞大的清帝国签订了一个城下之盟，清帝国割让了香港岛。在同一年，一个英国人身负着英国皇家园林协会的任务，准备深入这个刚刚被炮舰打开大门的古老而神秘的国度，以拼上英国人植物学研究的最后一块拼图。

罗伯特·福钧

他的名字叫罗伯特·福钧（Robert Fortune，1812—1880），正如他的名字一样，他将为日不落帝国带来财富（“福钧”在英语里是“财富”的意思）。

当时的英国，正开始流行喝茶。英国人要喝的茶叶靠从中国广州远道运输而来，英国人一度想在印度种植茶叶，打破中国人对这种神秘植物的垄断，但屡屡遭受挫折。印度阿萨姆地区种植的试验性红茶，被发现有着太过浓烈的口感，无论是气味还是滋味，都带着一股冲劲儿。而另一种喜马拉雅红茶，虽然口感温和，却不如中华的茶叶那样香醇，英国人不得不在里面添加各种香草，然而仍然没有中国产茶叶的那种自然的芳香。

焦急的英国人把希望寄托在福钧身上，在此后的几年里，福钧瞒着中国清政府当局，从条约口岸潜入内地，在福建、江苏、广东等欧洲人从未到过的茶叶生产区活动，不但访查茶叶的种植方式，也充分享用了当时在英国喝不到的红茶，他不无感慨地说："这里的茶并非我们所说的那种掺了牛奶和糖的茶，而是在纯净水中释放出的药草精华。"中国南方的"龙珠""雀舌""大红袍"给这位外国人一种直接的刺激，原来英国人喝到的，都是中国茶的次等品，这更坚定了他要"窃取"中国茶叶技术的信念。1851年，这位"植物间谍"完成了他的任务——把上万颗茶树种和一批中国采茶工偷运到印度。在福钧的这一努力下，在印度喜马拉雅山脚的大吉岭（Darjeeling），茶树生根发芽，大吉岭茶很快成为英国人抢购的对象，身价百倍。

虽然福钧带到印度的茶种多数被毁，但在大吉岭种植并生长的茶树改变了印度的茶叶种植史，使得茶叶成为世界性饮料。

茶，对工业革命时代的英国意义重大。茶中含有的茶多酚具有抗菌作用，能为在伦敦恶劣的城市卫生条件下生活的人提供一定的抵抗力。而红茶的提神作用，也能让它代替咖啡起到集中精神的作用。在加入牛奶和糖以后，茶也能提供给人体必需的卡路里，代替麦芽酿造的啤酒，防止因酒醉而出现的种种社会问题。对于英国人来说，这简直是再完美不过的国民饮料。

因此，茶成了英国人的象征。1773年12月16日，在英国的北美殖民地，愤怒的北美人民把停泊在波士顿的东印度公司商船上300多箱茶叶倾入了大西洋，从此拉开了北美独立运动的序幕。今天的美国人，喜欢咖啡更甚于茶，很大程度上和这起著名的反英事件有关。

今天的英国人饮用的仍然是红茶，英伦三岛流行喝下午茶，红茶加上糖和奶，往往是一种标准配置。但许多中国人并不能理解喝茶时往里面倒牛奶和糖的习俗，这必须抱着"理解"的态度去看英国人的喝茶历史。

布拉甘扎的凯瑟琳

要知道，最早英国人喝到的茶是绿茶，只限于上层社会。1662 年，葡萄牙公主布拉甘扎的凯瑟琳（Catherine of Braganza，1638—1705）嫁给了英国国王查理二世（Charles Ⅱ，1630—1685），一般认为，是她将茶和喝茶的习惯带入了英国上流社会。但到了 18 世纪 20 年代，英国人喝茶的口味开始从绿茶转向红茶。今天看来，这种口味的转变可能有两个原因。首先，18 世纪，英国从遥远的中国获取的茶只是中国茶叶的次等品（优等品当然是满足中国人自己的需求）。茶叶在外运过程中，制作成红茶，比绿茶更为便利。因为绿茶是不发酵茶，保存期限有限。在当时没有航空快递的情况下，茶叶和作为“压舱物”的瓷器可是被装载上船，在茫茫大海上慢慢漂泊到英国的，所以必须以发酵的红茶这样的形式保存。其次，随着英国人在世界逐渐占领殖民地，砂糖突然由中世纪时期少数贵族的专利变成了普罗大众都能享用的食品，于是寻找一款可以搭配砂糖的饮料就成为英国人的“任务”，而略带苦涩的红茶，比绿茶更适合加糖饮用。

茶叶中的苦味来自儿茶素等茶多酚物质，这些物质也是构成茶叶风味的重要元素。经过发酵以后，茶叶的苦味降低，但当时的英国人仍然不能忍受这种茶叶，为什么呢？因为中国出口的茶叶数量稀少，而在 1760 年以后，随着工业革命的开始，茶叶的需求量却大大提升，许多茶商开始在茶里面添加其他东西，制作成不纯的廉价红茶。这种茶叶，非得加入糖和牛奶调味不可。还有些茶商甚至回收喝过的茶叶，染色后重新出售，这种已经没有茶味的茶叶，在糖和奶面前，也能掩盖缺陷。

各种历史原因的综合作用，让英国人从19世纪开始，养成了喝下午茶的习惯：一杯红茶、一杯奶、两粒糖、一碟点心，成为一位英国绅士或淑女打发下午悠闲时间的必备。

然而，我们把视野往东移动两个时区，在另一个饮茶大国，往好好的茶里加奶的举动，也被看作是不可思议。

2010年，联合国粮农组织（FAO）统计了世界各国的茶叶生产量，茶的故乡——中国当仁不让成为第一，曾经被英国殖民统治的印度、肯尼亚、斯里兰卡三国分列第二至四名，第五名则被一个不被熟知的饮茶大国占据，而它曾经的人均茶消耗量，甚至占据世界第一的位置！它就是土耳其。

土耳其最流行的饮料，绝对不是咖啡，也不是任何所谓土耳其国饮的酒或饮料，而是中国人也在喝的红茶！2004年的统计数据显示，每个土耳其人平均一年要喝掉2.5公斤的茶，超过每天一杯下午茶的英国人，位居世界第一。（啊，算人均这个事情，中国永远都是那么吃亏。）

1885年的中国厦门港茶叶出口景象

土耳其红茶的最大产地，位于土耳其安纳托利亚半岛东北部靠近黑海的里泽省（Rize），这里气候宜人，降水充沛，土壤肥沃，出产能供给土耳其全国的优质红茶。这里的茶叶，经过充分发酵，能冲泡出漂亮的红木色。土耳其人拒绝奶，喜欢原味的茶，如果觉得苦，可以适当加糖。但是加奶破坏茶的原有味道，在土耳其喝茶的人看来，是不能容忍的。

冲泡土耳其红茶，常常使用一种奇特的壶，它分为上下两个部分，上小下大。泡茶的水先在下面这个大壶里煮开，然后倒一点儿到上面的小壶中，放入茶叶，制作出一杯超浓型的茶，再让饮茶者选择自己的口味，用大壶里的水稀释到适当程度：koyu（意思是“黑暗”）、tavşan kanı（意思是“兔血”）或 açık（意思是“轻”），三种口味从浓到淡，只用一个两层的 çaydanlık 壶就可以调制出来。

冲泡完毕的红茶，会被倒入一个特制的小杯子里。杯子大小手可盈握，在腰身上划出了一道曼妙的曲线，倒入红茶以后，放在一个精致的碟子上，碟子花纹映照着红色的茶汤，流光浮影，美茶美器，相得益彰。

在土耳其，红茶被叫作“çay”，发音似“恰伊”；从土耳其往东，阿拉伯半岛、印度、波斯等通过海上丝绸之路和中国产生交集的国度，几乎都把茶叫作“Cay”，采用的是中国向西贸易的集散地——广州对茶的称呼。

而在英语中，茶被叫作“Tea”，英国人喜欢的是来自中国福建武夷山一带的红茶，正是罗伯特·福钧所带回的印度种茶的祖先。福建人称呼茶为“Tay”，在中国元朝时期，通过福建贸易中心泉州和中国频繁交往的印度尼西亚、斯里兰卡等地，对茶的称呼都发类似“Tay”的音。而传到日本，“茶”字就分了两个音，有时候读作“さ”（Sa），有时候读作“ちゃ”（Tia），前者被认为是“Cay”的系统，而后者是“Tea”的系统。英国人读“Tea”，其实来自欧洲最早接触到茶的荷兰人，而荷兰人在某一段时期内，在亚洲交往最密切的

土耳其红茶

恰恰是日本。或许，是荷兰人通过和日本人的接触，将这一名称传递到西方，法国、英国等后起殖民国家，它们都沿用了荷兰人的“Tea”的叫法。

谁能想到，茶的流行其实在土耳其还不到一个世纪。土耳其一度是一个咖啡国度，然而在第一次世界大战后，土耳其的领土最终确定为安纳托利亚和小部分欧洲领土，意味着土耳其失去了以往生产咖啡的黎凡特地区及北非地区，要喝到咖啡，不得不依赖于进口。土耳其的国父凯末尔呼吁国民共度时艰，以茶代咖啡，很快，喝茶的风俗取代了喝咖啡，街头大大小小的咖啡馆里都卖起了红茶，走进土耳其人家，主人也会热情地端出一杯红茶来招待客人，来自东方的茶自此彻底征服了土耳其人的舌头。

在伊斯坦布尔街头漫步的时候，可以看到拎着茶托的伙计招摇过市——三根铁绳儿，拴着一个摇摇晃晃的铁盘儿，上面搁着三四杯红茶，一手提着招揽客人。红茶中泛出丝丝热气，伊斯坦布尔的下午，在红茶的陪伴下，格外闲适。

三、当水果遇见茶

不知道从什么时候开始，红艳艳的苹果，在西方文化中，有了禁忌之果的名声，它的颜色被认为是禁忌的颜色，美丽中蕴含着不祥和纷争。

希腊神话中三位美丽的女神——宙斯的妻子赫拉、智慧女神雅典娜和爱

帕里斯与三女神［荷兰画家鲁本斯（Peter Paul Rubens，1577—1640）绘于1636年］

与美的女神阿芙洛蒂忒为了争夺最美女神的头衔，决定请一位凡人来定夺，这位幸运而又倒霉的凡人是特洛伊的王子帕里斯，三位女神毫无“费厄泼赖”的精神，纷纷贿赂评委。赫拉向帕里斯许诺能主宰亚细亚的无上权力，雅典娜许诺给予帕里斯每战必胜的能力，而阿芙洛蒂忒则许诺了“世界上最美丽的女人”。“不争气”的帕里斯选择了阿芙洛蒂忒。

最美女神的奖品是一只金色的苹果，帕里斯不会想到的是，他的选择将为特洛伊带来一场灾难。阿芙洛蒂忒实践了自己的承诺，帮助帕里斯拐走了希腊最美丽的女人——斯巴达国王的妻子海伦。这一次“出轨”使得希腊和特洛伊兵戎相见，彻底让特洛伊这座繁华的城市毁灭为断壁残垣。

在《圣经》的开头，上帝创造人类以后，禁忌之果再一次出现——亚当和夏娃在伊甸园中被一条蛇蛊惑，摘取了园中树上能知善恶的智慧之果，这一个苹果使亚当和夏娃穿起了衣服，也被上帝逐出了伊甸园。

神话的世界里，只要沾染上苹果，就会引来无限的纷争、混乱和忧伤，所以，无论是金色的苹果，还是红色的苹果，都成为禁忌之果的代表。

在拉丁语中，苹果叫作 mālum，和邪恶——“mălum”几乎是一模一样。据说在基督教早期的发展中，将凯尔特人异教中的苹果贬斥为邪恶之果。凯尔特人将水果称呼为“pomum”，而信仰基督教的罗马人，用这个凯尔特词特指苹果，称之是导致亚当和夏娃堕落的“爱欲之果”。

另一方面，苹果却又有着象征青春、智慧、灵感等美好东西的意味。在北欧神话中，女神伊登（Iðunn）掌管着让众神永葆青春的苹果，当伊登被巨人夏基（Þjazi）劫持走以后，诸神陷入了老去的恐慌，于是协助夏基拐骗走伊登的邪恶之神洛基（Loki）不得不前往巨人之国，把伊登变成一个胡桃带了回来。

希腊神话中的大英雄赫拉克勒斯，受国王欧律斯透斯（Eurystheus）的差

土耳其苹果茶

遗，去完成十二个重要的任务，而他的第十一个任务是前往天尽头，取得三个金苹果。这棵苹果树由夜神之女赫斯珀里得斯（Hesperides）所看管，同时，还有一条百首恶龙盘曲在附近。赫拉克勒斯在支撑天穹的阿特拉斯（Antaeus）的帮助下，获得了金苹果，完成了第十一个任务。这棵苹果树是大地女神盖娅送给天后赫拉的结婚礼物，吃下树上的苹果，就能获得不朽的生命。

而另一个苹果带来幸运的故事更脍炙人口：英国科学家牛顿声称，他是在一棵苹果树下，被偶然掉下的苹果砸到脑袋，因而悟到了举世闻名的万有引力定律的。当然，这样伟大的物理学定理，自然不会是一个苹果凭空砸出来的，苹果能砸出的，只会是灵感或者是眼冒金星。

如此富有传奇色彩的苹果，让人怎能不爱？

然而在土耳其，苹果却另有“妙用”。

在卡帕多奇亚的山居人家，主人拿出待客的是一杯红色的茶，盛在土耳其常见的细腰杯中，配上透明雕花的浅碟儿，摆放在葡萄架下的方桌上，桌布上画的是蔷薇，映衬得杯中茶如花朵呼之欲出。浅碟儿上，配着两枚小小的方糖，谨慎起见，我们把方糖放入茶中，看着它渐渐消失在茶水中，才端起杯子轻轻喝一口，酸中带甜，然而最独特的是茶中有浓郁的水果味，仔细一品，是苹果！

葡萄架下喝苹果茶，似乎另有一种风味呢！

对于一个在土耳其旅行的外国人来说，苹果茶似乎无处不在。走进土耳其软糖店，店员会站在门口，给每一个旅客递上一杯苹果茶，用来搭配茶的，或者是甜得腻人的 Turkish Delight，或者是晒干了的无花果干。酸的苹果味，配上甜的软糖，会勾起人购买糖果的欲望。而走进土耳其地毯博物馆，店员一样会捧上苹果茶，然后你就可以一边暖着手，一边看店员们用飞旋的手法飞出一张张花色各异的手织地毯，还真是一种奇妙的经历。

后来才知道，这种名叫 Elma Çayı 的苹果茶，似乎是土耳其人专门提供给外国人饮用的饮料。土耳其人觉得许多外国人很可能受不了土耳其红茶的味道（毕竟以前每年前往土耳其旅游的外国游客许多来自西方国家，而除了英国等少数国家以外，这些国家的人很少有喝茶的习惯，即便有，喝的也是“奶茶”，因此还真可能无法接受醇厚的土耳其红茶），所以特别制作了一批加工过的适合外国人喝的茶，而土耳其人自己，常常把这些添加花草的茶作为一种养生的药物而并不是生活中常喝的饮料。

土耳其人非常会因地制宜制作食物，苹果这种水果，从很古老的年代开始，

地毯博物馆

就在土耳其这片土地上生根发芽。今天，所有的栽培苹果，都来自塞威士苹果（Malus Sieversii），而这种苹果，今天的人们认为是出产于中亚的丘陵地带。有人认为，是土耳其东部的人们最早开始种植和选育苹果，同时，也有亚历山大大帝在中亚今天哈萨克斯坦一带发现苹果的记录。无论如何，今天的土耳其都是世界上最早接触到苹果这种植物的地区之一。

精明的土耳其人还会将苹果茶作为一种外销的礼品。当您在土耳其徜徉数日，会发现味蕾逐渐被苹果茶所侵袭，一种酸中带甜的味道在嘴边徘徊不去。

在离开土耳其的时候，我在伊斯坦布尔阿塔图尔克机场的免税店中，发现了土耳其茶饮业所制作的包装苹果茶，打开后，里面是带着苹果清香的黄色粉末，只要一点儿热水，就可以变成一杯红色的苹果茶，加上糖和蜂蜜，就可以在土耳其以外的地方，享受那种酸中带甜的欲罢不能的味道。此时，会觉得土耳其人频频给您奉上苹果茶，或许是机场免税店的一种推销“阴谋”？

喝过土耳其苹果茶的人，会对苹果的“诱惑”性质有更深层次的认识。人感受酸味的味蕾位于舌头后部的两侧，而感受甜味的味蕾集中在舌尖。苹果茶，集甜和酸两种口感于一体，全方位地对舌头的味觉细胞发起进攻，从舌尖到舌根，留下深刻的记忆。无怪乎这种“诱惑”会给中世纪的人们一种“邪恶”的错觉。

苹果的“邪恶”红，一度连累别的植物也无辜中枪。在哥伦布发现美洲后，大批美洲原产的食材涌入了欧洲：玉米、可可、马铃薯、辣椒、花生、南瓜……其中就有一种食物因为色泽和模样与苹果接近而蒙受了“不白之冤”，那就是番茄。

当番茄（或者称“西红柿”）被引入欧洲的时候，立刻被冠上“爱的苹果”的名称，因为番茄和苹果实在太相像了——红色艳丽的外表，一口咬下能迸出红色的汁液，加上它那能让人产生不良联想的干瘪根茎，欧洲人很快给了它一个“爱欲果实”（Poma amori）的恶名。意大利人把西红柿叫作“Pomodoro”，意思是“金苹果”，没错，就是赫拉克勒斯试图取得的那个被恶龙和夜神之女守护的金苹果。欧洲的天主教徒将番茄列入了禁止食用的菜单，认为它会带来灵魂的堕落和邪恶的欲望。

番茄制作成的酱汁更是被视为邪恶的象征，不但番茄酱的红色会让人联想到禁果的传说，用酱汁点缀食物也被看作是奢侈和贪吃的象征，在中世纪的虔诚信徒眼中，无论从什么角度看，吃番茄酱都是要堕入地狱将灵魂卖给撒旦的行为。

如果番茄酱是一种邪恶的食物，那么开遍全球的快餐店大概都是撒旦的产业吧。啊，当然，对于正需要减肥的人们来说，拿着吸满油脂的土豆条蘸着番茄酱，和高热量的汉堡、可乐一起塞进肚子里，应该是一种很邪恶的事情吧。

不管怎么样，今天的人们，已经可以摆脱清规戒律的束缚，自由地享受番茄酱带来的美味。正如土耳其料理一样，用番茄酱放肆地搭配着各式的菜肴，用苹果茶恣意诱惑味蕾，毕竟，人类享受美食的追求天经地义。

四、暖风熏得游人醉

——土耳其的酒

在土耳其吃饭，有一道风景线是无论哪个餐厅都有的——英俊的土耳其侍者推着一辆小车，礼貌地询问你是否要来一点儿饮料，当然，土耳其餐厅并不提供免费的水或饮料，所有的水或饮料都收费，小车上放满了矿泉水、啤酒、葡萄酒……

等等！酒？这可是一个穆斯林占人口 99% 的国家！

嘿！你还真别不信，土耳其到处都有小酌一杯的人。尤其是在地中海沿岸区域，人们更少受到宗教清规的束缚。

所以，酒，还真不是土耳其人专门给游客准备的。旅行时结识的土耳其导游妹子也表示，在土耳其，有许多人甚至对酒要收税不满，认为这拉高了酒的价钱，从中可以看出，酒对于许多土耳其人来说其实已经是生活中不可缺少的。

这，应该归因于土耳其的“凯末尔主义”。第一次世界大战后，土耳其在凯末尔的领导下取得了民族独立和国家主权完整，凯末尔不仅是土耳其的缔造者，而且是土耳其革命的领导者。凯末尔领导下的土耳其，完成了世俗化改革，土耳其的国家政权开始与伊斯兰教相脱离。凯末尔确定了反对伊斯兰封建神权势力干预国家政权、法律、教育和社会生活的世俗主义原则，而土耳其奉行的宗教信仰自由政策也使众多民众对信仰的看法更显得宽容。因此，今天许多外国游客看到的土耳其是一个世俗化的穆斯林占大多数的国家。

在土耳其找酒喝，在西部沿地中海、爱琴海以及伊斯坦布尔地区比较便利，这里几乎每家餐厅都有酒。许多土耳其的大城市的高级餐厅也都供应酒，但在土耳其安纳托利亚中部如科尼亚这样相对保守的城市，酒的踪迹就相对少一些了。

RAKI

建立奥斯曼帝国的奥斯曼突厥人曾经是中亚地带的游牧民族，要说起游牧民族的酒，当然首推马奶酒了。或许，今天土耳其人的酒文化，就和游牧时代的饮酒跃马的习俗有关吧。

马奶酒是一种发酵酒，广泛流行于东到蒙古草原、西到土耳其的中亚到小亚细亚游牧民族生活区，蒙古、哈萨克斯坦、吉尔吉斯斯坦等国家都有饮用这一酒类的习俗。马奶酒是草原民族的特产。在草原上放牧的人们，以肉食作为主要的食物，而用马奶酒这样的饮品补充人体所需要而肉食所缺乏的维生素和矿物质，达到体内的新陈代谢平衡。研究表明，每100ml的马奶酒含有8—11mg的维生素C，这是伴随着发酵生成的乳酸菌而产生的，足以满足草原肉食民族的营养所需。

制作马奶酒可不是一件简单的活儿，马儿可不像牛羊一样，随时随地任人取奶。草原上的游牧民族在长期的摸索中，总结出了一套行之有效的经验——让嗷嗷待哺的幼马先“勾引”出母马的奶来，然后由取奶人“横插一杠”，取得母马的奶。

人类为了一口吃的，真是什么办法都能想得出来。

刚采集到的新鲜的马奶，基本上是不能用来喝的。古罗马时代有位学者叫马库斯·特伦提乌斯·瓦罗（Marcus Terentius Varro，前116—前27）曾经这样写道："做泻药，最棒的是马奶，其次是驴奶……"相对于羊奶和牛奶，新鲜马奶更容易让人出现乳糖不耐受症状，如果是生活在承平已久的罗马，吃着大麦喝着橄榄油，喝一口马奶上吐下泻的可能性的确很大。

一方水土养一方人，游牧民族能吃的东西并不一定适合农耕民族。

言归正传，取到了马奶的游牧民接下来该如何把它做成酒呢？首先需要一个中介物——酒母，就是制作酒时用来发酵的酵母，它能和马奶中所含的乳糖产生化学反应。加入酒母以后，就到了制作马奶酒最辛苦的一个步骤——搅拌，上千次甚至上万次的搅拌让酒母和乳糖分子能亲密接触，电光石火中促成好事。将之静静放置一夜（在此期间要将温度控制在27摄氏度左右），第二天起来揭开盖子，就能得到满室酒香。

做好的马奶酒酒精浓度是0.7%～2.5%，不过，有些时候，酒是不能光看酒精浓度的。曾经有一次，在一个江南小镇喝自酿的米酒——用米加上酒母发酵而制作成的混浊的酒，初饮之时甘甜异常，带着微微的酒味。主人架起一口锅，煮着羊肉，殷勤劝酒，不由得就着羊肉多饮了几杯，而到下午，酒劲儿上来，顿时醺醺欲睡。谁能想到，看似只有一两度的米酒，也蕴含着很大的力量呢！同样是用发酵原理制作的马奶酒，也不可小瞧它的威力。

马奶酒，英语叫作Kumis，哈萨克语、乌兹别克语等中亚语言对此的发音大同小异，这些发音都来自突厥语系的单词qımız。这是游牧民族经过千百年来的游牧生活创造出的成果之一。如马奶酒这样的发酵酒，在蒸馏技术出现前，曾风行于世界各地。游牧民族用马奶发酵，而希腊、罗马人用蜂蜜和葡萄发酵，中国人用米发酵，热带和亚热带的民族用椰子发酵，只要想找到喝的，大自然的恩赐自然会满足你。

今天的土耳其，马奶酒已经是一种比较小众的酒了。很大一部分原因是马奶酒的口感实在不佳——发酵后的马奶带有浓烈的酸味，所以需要用糖来中和。今天的土耳其，更多人在饮用一种同样有着古老历史的酒——葡萄酒。

葡萄的诞生地还真是在今天的土耳其附近——黑海和里海之间的亚美尼亚山地中，于公元前6000年到公元前4000年之间出现了人类最早栽培的葡萄，葡萄酿酒的技术也在此后漫长的历史中沿着丝绸之路向东西两个方向扩展。在东方，自汉朝通西域以来，葡萄美酒就沿着河西走廊到了中原，唐朝的边塞诗人用充满豪情的语言写道：“葡萄美酒夜光杯，欲饮琵琶马上催。”足以说明葡萄酒在当时已经是一种相对普及的饮料了。而在西方，到了公元前15世纪，地中海东部和爱琴海区域，包括今天的土耳其地中海、爱琴海沿岸地区，已经有了相当规模的商业化的葡萄种植和葡萄酒酿造业，而在公元元年前后，葡萄酒已经盛行于地中海区域，成为希腊人和罗马人不可缺少的饮品。

土耳其餐厅中的酒

古代希腊人把葡萄酒看成是酒神狄俄尼索斯赠送的礼物，在古希腊的诸多酒器上，或者绘着人们觥筹交错的场面，或者刻着酒神或他的朋友西勒诺斯（古希腊神话中的半人半兽神，酒神的挚友）的形象。在古希腊人看来，这种从东方一路经过今天土耳其的安纳托利亚、腓尼基、巴勒斯坦、埃及而来的植物简直妙不可言，但古希腊人又反复告诫人喝酒不可超过三杯，滥饮会招来祸患。古希腊人往往拿一个大壶把水掺入葡萄酒，保证葡萄酒的酒精浓度下降，并且让所有参与酒会的客人享受到同样的醉酒程度。

古希腊人已经学会酿造白色、金色、深色等不同颜色的葡萄酒，并且在葡萄酒中加入香料、蜂蜜等添加物，提升酒的香味或口感。大部分的古希腊葡萄酒是甜酒，也有普拉姆尼酒这样酸涩的陈酒。此后的罗马人从伊特鲁里亚或希腊传承了葡萄酒酿造技术，将之发扬光大，使得罗马人能享受到种类更为丰富的葡萄酒。

处于希腊罗马文化圈影响中的土耳其，坐拥地中海和爱琴海沿岸的阳光与土地，葡萄的种植和葡萄酒的酿造业十分发达。1925 年，土耳其的国父凯末尔下令建立了土耳其第一家国有葡萄酒酿造厂。今天，土耳其的葡萄酒几乎是两分天下，Doluca 公司生产的 Sarafin、Karma 等品牌和 Kavaklidere 公司生产的 Pendore、Prestige 等品牌分庭抗礼，占据大部分的市场，剩余的市场则由 Vinkara、Kayra 等新兴企业瓜分。而土耳其的葡萄栽培面积居于世界第四位。

土耳其葡萄的种植区域也很广泛，其中土耳其欧洲部分领土色雷斯地区和爱琴海沿岸的伊兹密尔区域生产最多，前者生产了 40% 的土耳其葡萄酒，后者生产了 20%。其他如地中海、爱琴海沿岸的恰纳卡莱（Çanakkale）、代尼兹利（Denizli）以及山区和内陆的卡帕多奇亚、安卡拉等地区也有种植和生产。葡萄是一种非常神秘的植物，不同区域种植的葡萄，受阳光、降水、土壤等不同因素的影响，会有不同的风味和口感。在土耳其，用来制作葡萄酒的葡萄大体上有霞多丽（Chardonnay）、长相思（Sauvignon Blanc）、赤霞珠（Cabernet Sauvignon）、西拉（Shiraz）和梅洛（Merlot）。

霞多丽是世界上种植最为广泛的白葡萄，有着多变的特色，在不同的产区、不同的风土条件下会展现出截然不同的风采。相对凉爽的地区，霞多丽通常有着清爽的酸度，带着青苹果、青柠檬等青色水果的香气，酿出的酒酒体轻盈；而在炎热的区域，霞多丽会带有热带水果如菠萝、黄柠檬、百香果的味道。在土耳其，霞多丽种植于色雷斯和爱琴海沿岸的气候温和地区，散发出柑橘类水果的独特香味。霞多丽经过橡木桶的藏酿，会产生明显的奶油、榛子、烤面包的香气，酒体更为圆润丰满。土耳其语中，白葡萄酒叫作 beyaz şarap，其中霞多丽这个“大路货”贡献良多。

另一种用来酿制 beyaz şarap 的葡萄就是长相思，正式的名字叫白苏维翁。人们把咖啡中的一种极品叫作“猫屎”，而长相思则非常有意思地有“猫尿”的气味，在“盲品”葡萄酒的环节中，许多品酒师把这一特征作为辨认长相思的标志。从这一点来说，人类还真注定是喵星人的奴仆。长相思的所谓“猫尿味”，专业术语称呼为黑醋栗芽孢的气息，带有一种辛辣的植物味道。用这种葡萄制作成的白葡萄酒有着充满活力的酸度和清新的植物香气，最适合夏天生津解渴，在土耳其，也是气温相对高的爱琴海沿岸的产品。

红葡萄酒在土耳其叫作 kırmızı şarap，酿制时用得最多的一种葡萄就是赤霞珠。事实上，这也是世界上种植范围最广泛的红葡萄品种，堪称红葡萄之王。如中国人熟悉的拉菲这样的优秀的葡萄酒就是用赤霞珠这种原产于法国波尔多的葡萄酿造的。波尔多红酒的盛名也因此而来。赤霞珠果实小，皮厚，酿造出的酒通常带有典型的黑醋栗、青椒、雪松的香气，并拥有深邃的色泽、强劲艰涩的单宁和饱满厚重的口感。再加上橡木桶的催化，就能获得色泽更美丽、香味更丰富、口感层次更多的优质红酒。

西拉，在澳大利亚也叫西拉子（Shiraz）。18 世纪末，英国人把葡萄从巴西和南非带到了流放地澳大利亚，利用澳洲独特的气候培育出了新的葡萄种类——西拉，一如澳洲炎热的气候一样，西拉带有热烈饱满的口感和浓郁的黑莓、黑浆果的香味。这样的西拉引种回欧洲，又会出现不一样的风味。法国隆河地区的西拉色泽深沉，更接近赤霞珠的风貌，而在阳光灿烂、海风和煦的土耳其爱琴海地区，西拉也表现出了其特有的热情品质。

梅洛则是赤霞珠最好的伙伴，这种广泛种植于法国波尔多的葡萄，和赤霞珠有着不同的个性。赤霞珠个性强烈，口感醇厚，而梅洛果香馥郁，单宁柔顺。许多葡萄酒酒庄将两者按不同比例调和，创造出口感各异的葡萄酒。

而在土耳其安纳托利亚内陆和黑海区域，人们还种植着土耳其特有的一些葡萄种类。

比如在黑海沿岸、安纳托利亚东部和东南部，人们使用一种名为 Boğazkere 的葡萄制作红葡萄酒。Boğazkere 源自土耳其的迪亚巴克尔省（Diyarbakır），是发源于该省境内的底格里斯河的恩赐。从安纳托利亚东南部蜿蜒而出，奔向伊拉克和波斯湾的底格里斯河滋润了上游的农田，也培育出了这种独特的葡萄，用它制作的红酒色泽深沉，有着独特的干果风味和香气，口感厚重，最适合和土耳其人习惯吃的烤红肉 kebabs 搭配，同时，和东安纳托利亚特产的车达（Cheddar）和库耶尔（Gruyere）奶酪也能构成完美的组合。

而在幼发拉底河上游的土耳其埃拉泽省（Elazığ），另一种葡萄同样引人注目。它的名字叫 Öküzgözü，在土耳其语中这个词语的意思是“牛眼”。这种色泽饱满的葡萄制作的葡萄酒带有浓郁的果味，也深受安纳托利亚地区土耳其人的欢迎。

此外，在中安纳托利亚的安卡拉省，人们更多使用一种叫作 Kalecik Karası 的葡萄酿酒。这种葡萄得名于安卡拉省的卡莱吉克（Kalecik）地区，在该区域的克泽尔河（Kızılırmak）流域，这种葡萄长势最为良好。安卡拉大学农业系的学者和法国人合作，把这种葡萄推广种植到爱琴海沿岸地区。如今，用这种葡萄酿的酒已经是土耳其最受欢迎的葡萄酒种类。用 Kalecik Karası 制作的葡萄酒发出红宝石一般闪亮的光泽，有着香草和可可的典雅香味，和红肉特别是牛排最为相配，是土耳其原产葡萄酒打入国际市场的拳头产品。

在中世纪时的欧洲，葡萄酒被认为是神圣的东西。教堂里把葡萄酒和面包当作耶稣的血和肉分享给信徒，而在《圣经》里，好心的撒马利亚人用酒来给旅人清洗伤口，因为在卫生条件极其差的西方中古时代，酒相较于容易受污染的水更显得洁净。所以，在中世纪的欧洲，神圣的葡萄酒也成为上层贵族和骑士的饮品。更广大的农民则饮用啤酒或麦酒来获得狂欢的气氛。

巴伐利亚大公威廉四世

啤酒，也是一种发酵的产物，与葡萄酒不同的是，啤酒是采用大麦为原料经过发酵酿制的。历史上最古老的啤酒诞生于两河流域，在距今 5000 多年前，古代美索不达米亚文明的苏美尔人就已经利用两河流域的大麦和小麦制作成了啤酒。而考古发现说明，在距今 4000 多年前，两河流域已经有关于啤酒的文字记录。

然而创造了欧洲文明的希腊人和罗马人却不喜欢啤酒。特别是罗马人，他们从“野蛮人”凯尔特人那里接触到了啤酒，因此把啤酒看作野蛮人的饮料，而把葡萄酒视为文明的象征，这种观念一直持续到中世纪。

在日耳曼的法兰克王国建立以后，啤酒逐渐成为欧洲普遍饮用的饮料。为今天的啤酒奠定基础的是 1516 年发布于德国巴伐利亚的一部著名法令：《啤酒纯洁令》（*Reinheitsgebot*）。该法令规定：啤酒必须使用麦芽、啤酒花、水和酵母为原料制作。这部由巴伐利亚大公威廉四世（William Ⅳ，1493—1550）颁布的著名法令至今仍在德国乃至欧盟施行着，成为啤酒行业不折不扣的行业标准。这一法令一方面杜绝了原本使用各种劣质材料酿造啤酒的可能，另一方面则减少了在啤酒行业中使用小麦，确保粮食供应，也使小麦制作的白啤酒成为一部分贵族垄断的专利。

今天，啤酒是一种世界性饮料，从亚洲到欧洲，只要有狂欢人群的地方，就有啤酒这种“液体面包”。土耳其也不例外，毕竟，在啤酒诞生的时候，苏美尔人就已经在安纳托利亚的两河流域喝过啤酒了。

土耳其啤酒源远流长，最早，土耳其人饮用一种叫博萨（Boza，又译“钵扎”）的类似啤酒的饮料。许多人应该喝过一种叫格瓦斯（Kvass）的含酒精饮料，这种饮料起源于东斯拉夫，广泛流行于俄罗斯、保加利亚、乌克兰等地。它是用大麦、黑麦等制作的面团发酵制成，酒精度数往往在1%以下，入口如汽水，但有着淡淡的面包芳香，在中国东北和新疆也广受欢迎。博萨，被称为“类似格瓦斯的灰色饮料”。大约在10世纪左右，博萨开始在中亚的

博萨

突厥语系游牧民族中流行，随后风行安纳托利亚，并被奥斯曼帝国带入了欧洲的巴尔干半岛。今天，除了土耳其以外，在中亚的哈萨克斯坦、吉尔吉斯斯坦，巴尔干半岛的塞尔维亚、马其顿、黑山、波黑、阿尔巴尼亚乃至罗马尼亚、保加利亚、乌克兰等地都能看到这一饮料的踪迹。它是用小麦、杂谷、玉米等谷物发酵制作，和格瓦斯一样，酒精浓度在1%左右，有着如汽水一般的碳酸饮料口感。但和格瓦斯不同的是，这种饮料的原料有许多种杂粮，各地出产的博萨由于配方不同，呈现出不同的风味，但基本上都是白色或灰色的液体，而不会如格瓦斯一样泛着漂亮的金色光泽。

苏丹宴请耶尼沙里，士兵以接受赐宴表示对苏丹的忠诚。

博萨是奥斯曼帝国时代最受欢迎的酒精饮料，因为其酒精含量低，所以只要不喝醉，苏丹允许百姓饮用。大街小巷中也到处都是出售博萨的小贩。因为博萨和格瓦斯一样保质期有限，且需要冰镇，所以往往在冬天才有出售，正好满足了人们喝酒精饮料暖身子的需求。而在夏天，这些博萨小贩就出售葡萄汁、柠檬汁作为替代。在苏丹的近卫军“耶尼沙里”（Janissaries）的士兵中，饮用博萨是一种风气，士兵都相信它除了暖身以外，还能提升身体的强壮度。含有大量杂粮成分的博萨确实含有不少对人体有益的元素。另外一个有意思的说法是，博萨还能丰胸，并能帮助哺乳期妇女催奶，这就不知真伪了。

博萨虽然不是高度数的酒精饮料，但作为一款人气饮品，在历史上仍一度引起争议。自 16 世纪风行帝国以来，一些商人往博萨里添加鸦片，以获得更多的刺激，称之为“鞑靼博萨”。这激怒了苏丹塞利姆二世（Selim Ⅱ，1524—1574），他下令禁了这种博萨。然而塞利姆二世自己也是一个饮酒成癖的人，他喜好一种白色的、带有甜味的“阿尔巴尼亚”风的博萨，这种偏甜的博萨就成为奥斯曼宫廷的流行品。此后，在 17 世纪，苏丹穆罕默德四世（Muhammad Ⅳ，1642—1693）也一度禁过包括博萨在内的酒精饮料，然而这并没有什么用，17 世纪中后期的伊斯坦布尔仍然有 300 多家博萨店。到 19 世纪，博萨又风行于帝国全境了。特别是 1876 年，伊斯坦布尔的一对兄弟创造出了一款酸味浓厚的博萨，大大改变了人们对传统博萨的认识，博萨进一步发扬光大。

诺贝尔文学奖得主奥尔罕·帕慕克的著作《我头脑里的怪东西》中，就记述了一个出售博萨的小贩，用充满情感的声音沿街叫卖，在作者看来，这种叫卖博萨的声音，承载着 20 世纪 60 年代伊斯坦布尔的城市记忆，而今天，这类小贩几乎已经绝迹了。

在博萨的强势面前，啤酒进入土耳其就稍晚了。土耳其最早的啤酒诞生在安纳托利亚西部城市埃尔祖鲁姆（Erzurum），那里生活的亚美尼亚人第一次开始供应啤酒。其后在 1894 年，伊斯坦布尔开出了第一家近代啤酒工厂——波蒙第（Bomonti）啤酒工厂。1933 年，这家工厂找来了一个德国人卡尔·霍夫纳（Karl Hoffner），将正宗的德国啤酒引进了土耳其。同时，土耳其的国父凯末尔下令在安卡拉开设了一家啤酒厂，啤酒市场在土耳其飞速发展。

在今天的土耳其，你能随处买到一款名为 Efes 的啤酒，这是土耳其今天最大的啤酒厂家 Efes 酒业集团的产品。这家公司以土耳其最著名的古罗马遗迹以弗所（Ephesus）的名字作为品牌名称，为啤酒注入了文化气息。除了掌控土耳其 84% 的啤酒市场以外，Efes 还远销欧洲、中东和非洲许多国家。

马奶酒、葡萄酒、啤酒、博萨……上述无论哪一款酒，都离不开发酵。发酵制作的酒，度数不高。要获得更烈的酒，就必须依赖于蒸馏。蒸馏技术的出现进一步改变了人类的饮酒史。古代希腊、罗马人学会了把酒通过蒸馏提纯，提高酒精浓度，阿拉伯人将这一技术传承下来，在 11 世纪经过意大利南部传入欧洲。很快，用葡萄酒或其他发酵酒来制造烈酒的技术得到了改进和普及，大容量的铜制蒸馏器改变了人类造酒历史，白兰地、朗姆酒、威士忌、金酒等容易保存且又便宜的烈酒，随着欧洲殖民者的脚步进入世界各地，改变和影响了人类的生活。

土耳其人引以为傲的“国酒”并不是某一种品牌的葡萄酒、啤酒乃至马奶酒，而是一款蒸馏酒，它的名字叫 Rakı。这个名字来自中东的一种名叫“阿剌吉酒”（Arak 或 Araq）的古老烈酒。这可以说是较早掌握蒸馏技术的阿拉伯人的创造，他们用中东常见的椰枣、葡萄等甜果实发酵，然后将得到的发酵酒进一步蒸馏，获得这一种奇特的酒。元朝的忽思慧在《饮膳正要》中把这种酒翻译为“阿剌吉酒”，介绍入中国。

制造阿剌吉酒的第一步和葡萄酒一样，将葡萄捣碎、搅拌、静置发酵，然后进行第一次蒸馏。在获得蒸馏后的酒以后，人们在里面混入茴香，再进行第二次蒸馏。这一过程中，茴香与酒的比例将决定未来酒的品质。经过两次蒸馏后的阿剌吉酒是一种无色透明的液体，但它有个奇怪的特性，只要兑入水，就会呈现出牛奶一样的白色，那是因为酒中含有不溶于水的成分。土耳其人把这种白色的液体叫作“aslan sütü”，意思是“狮子的奶”——如果您还记得《纳尼亚传奇》的话，小说中那只狮子的名字就叫阿斯兰（Aslan）。饮用狮子奶，可以获得狮子一样的勇气。

Rakı 的春天开始于共和国时代。1944 年，土耳其的本土品牌 Tekel 开始在伊兹密尔的工厂生产 Rakı，他们甚至开始用糖蜜做原料，制作全新口味的 Rakı，称为“Yeni Rakı”（意思是新 Rakı）。土耳其人更多地把 Rakı 作为一种前菜配酒，在上大餐之前小酌一杯。

喝 Rakı 当然要加水调成“狮子奶”，而加入冰块则更能提升风味，还有人是先喝一口 Rakı，再喝一口冰水，让狮子奶在口中生成，据说可以获得更为纯正的口味。

美酒虽好，不可滥饮。《红楼梦》里的妙玉谈喝茶：“一杯为品，二杯即是解渴的蠢物，三杯便是饮驴了。”喝茶尚且如此，何况喝酒。而古希腊人借酒神狄俄尼索斯之口告诫说：“第一杯为了健康，第二杯为了爱和愉悦，第三杯为了入眠，三杯饮尽后，明智的饮者就该回家了。”要想好好回家，就浅酌慢饮，享受人生吧。

5

The
Tastes
of
Turkey

其他的林林总总

浪马军

一、披萨！好吃的披萨

“在土耳其，有啥是一定要吃的呢？”

“披萨！必须要去吃！我自从在一家店里吃过一次土耳其披萨后，此后几天我就离不开披萨了！”

“啥？土耳其？披萨？”

以上是我出发西行前，和一位刚从土耳其回来的朋友的对白。这位为我“打前哨”的朋友极力推荐的食物，竟然是披萨，让我一阵迷惘。披萨，难道不是意大利特产？

嗯，披萨，中文名又称“打卤馕”，是一种在公交车上吃就会让人忍不了的食物。当然，你在土耳其遇上这玩意儿，也忍不了。至少，我忍不了。

和土耳其披萨的第一次邂逅，是在安纳托利亚的内陆城市科尼亚。进入餐厅，大家看到饭桌上摆放着两个奇怪的木架子，正当困惑的时候，厨师上菜了，一条长长的木板被端上了餐桌，架在木架上，上面摆放的是方方正正的一块块撒着肉末的饼，只有两端的两片呈半圆形。相信一个有经验的文物修复专家，可以把这些切开的饼拼合成一长条绸带。然而此时，已经有好几块饼成了在座各位食客五脏庙中祭祀的冤魂。

这一道披萨，在土耳其料理中有一个正式的名字——Etli ekmek，它广泛流行于以科尼亚为主的土耳其安纳托利亚中部城市。这个词语的意思就是：“加

科尼亚塞利米耶清真寺（建于1566—1574年之间）

了肉的面包”。

而在土耳其的许多地方，披萨被冠上另一个响亮的名字——“浪马军”（Lahmacun），不知道是谁第一个把这个土耳其语词翻译成这三个字的，恰如其分地反映出了将这饼塞进口中的心情。拿起饼的时候，带有一点儿莫名的兴奋，心里是“小马乱撞”，而放入口中以后，浓厚的羊肉末香和作料的味道骑着热腾腾的饼这匹“好马”，在舌尖上放肆地驰骋，如放浪形骸的马军，吹响了壮烈的冲锋号，向着胃呼啸而去。吃完以后，意犹未尽的你还会在心里念上一句，为什么美妙的时间总是过得如此快？而在这一家餐厅里，善解人意的土耳其厨师还会在你吃完以后贴心地给你奉上第二板，满足你的饕餮之欲。

不管是Etli ekmek还是浪马军，说穿了就是一块饼上，放上剁碎了的肉末和蔬菜，烘焙而成，与披萨确实异曲同工。许多人不知道的是，披萨，其实有可能是一种于黎凡特起源的食物。

披萨（Pizza）这个词语究竟来源于何方？在诸多的说法中，有一种说法是来自古代希腊，古代希腊有一种称呼为 Plakous 的饼，上面堆积着蒜、洋葱和一些药草，被认为是今天 Pizza 的可能来源之一。而今天的意大利披萨，则是在近代产生的，18—19 世纪，在意大利的那不勒斯，诞生了这种将原料明明白白放在饼面上烤制的饼。当然，这种新潮的食物绝对不是拍脑袋发明出来的，而是在从中东到伊比利亚半岛的庞大地中海区域流行了千年以后逐渐演变的结果。

黎凡特地区流行的饼（Pide）的一种，也被认为是披萨的可能来源之一。起源自黎巴嫩的 Sfiha 就是这样一种饼，奶酪、牛羊肉、番茄、蒜、洋葱等配料，铺满了一块 Sfiha 的表面。这饼随着中东的移民漂洋过海，到了南美洲扎下根来，把地中海的如火热情带进了加勒比海。

另一种流行于黎凡特的类披萨饼叫 Manakish，这款披萨往往离不开一种名叫扎阿塔尔（Za'atar）的中东香料。扎阿塔尔既是一种牛至属的植物，也是一种驰名世界的香料。牛至属的植物，往往带有“香”的属性，可以用来提炼香油。而扎阿塔尔也是被称为“中东味道”的代表性香料，它是用百里香、牛至、墨角兰等香草加上芝麻、盐等配料混合成的一种特殊的香料。从中东的阿拉伯半岛横跨北非到大西洋沿岸——伊拉克、以色列、约旦、黎巴嫩、埃及、巴勒斯坦、阿尔及利亚、利比亚、沙特阿拉伯、叙利亚、突尼斯、亚美尼亚一直到摩洛哥，当然也包括土耳其，各地区都有着自己特有的扎阿塔尔配方，有些地区加入孜然，有些地区加入香菜，也有些地区加入胡椒、香薄荷等，传统的黎巴嫩配方会加入五倍子果制成的香料，可以提升这种独特香料的香味层次。

Manakish 就是因为这种独特的混合香料而闻名的，用橄榄油和成的面饼上撒上扎阿塔尔，在发酵的过程中，香气就渐渐渗透面饼，再经过高温烤箱的洗礼，表面酥脆，里面甜香，出炉之时就已经香氛满室，入口之后更是齿颊留香，三日不能绝。

虽然这款独特的“阿拉伯披萨”风靡地中海，土耳其人依然对浪马军情有独钟。的确，对于一个肉食为主的民族来说，没有任何一种香料比得上一把羊肉末儿的诱惑力。

加热到200摄氏度的烤箱正等待着“祭品”的奉献，首先是被切碎的大蒜和洋葱，然后辣椒也加入了它们的行列。一大块羊肉也被切成碎末，等待着作为主角出场，番茄、香菜、孜然、盐、胡椒，如众星捧月，被虔诚地放上饼这个舞台。端入烤箱的刹那，演出开始了，各种食材在温度的作用下，起着微妙的变化，8到10分钟以后，面饼逐渐膨胀，肉末变色，此时，浪马军就可以闪亮登场。切开一个柠檬，挤上一点儿柠檬汁提味，等待食客的抉择。

这样的浪马军，就是一道非常简单的家常菜，饼和羊肉末配合得无懈可击，在火的熔炼下完成了一次华丽转变。浪马军随着生活在土耳其南部的犹太人的迁徙，被带入了耶路撒冷，圣城中的人也开始喜欢上了这种美食。

这，不由得让人想起了另一种以羊肉和面点配合的食物——羊肉泡馍。

在古城西安的街市上，轻易就能找到一家泡馍店。一块厚实的馍，被掰成了黄豆大小的块——这掰的过程本身就是一种乐趣，用手撕扯开馍的那一瞬间，面的奇妙香味微微散发到空气中，轻柔地勾引着人对食物的欲望，逐渐唤起了胃的饥饿感。接着，滚烫的羊汤浇到了碎馍上，羊汤放肆地扒开馍身上小麦颗粒之间并不紧密的连接，慢慢湿润它的内芯。羊汤本身的一点儿油腻被馍渐渐吸收，香菜、姜、蒜等传统配料，把羊肉的膻味掩盖住，却激发出了汤的咸鲜。嚼馍，饮汤，食肉，在冬季干燥的北方，这是无上的享受。

江湖传说，羊肉泡馍是宋朝开国皇帝赵匡胤在早年落魄的时候发明的美食，穷得叮当响的赵匡胤在长安街头讨得了一碗羊肉汤和两块没发酵的“死面”饼，就着汤吃着面饼。也是人饿急了吃什么都香，这碗挽救了赵匡胤的羊肉泡馍深深印在了这位皇帝的脑海里。自此后，这位皇帝一条杆棒，打得天下军州皆姓赵。登基之后的赵匡胤不论怎么样让御厨“复原”当年那碗泡馍，都不得其味，只好屈尊枉驾，到当年长安城的乞讨之地去大快朵颐，御笔亲自赐名：“羊肉泡馍”。

这样套路的美食故事，流传于各地，寄托了老百姓将身边美食的发掘归功于一位名人的美好愿望。不论是朱元璋发明“珍珠翡翠白玉汤”，还是擅长“布朗运动”的乾隆皇帝在江南各地迷路落魄后发明各种食物，都是老百姓拉上一位名人为喜欢的食物做的“免费广告”。这样的“拉郎配”，不需要什么逻辑，也不追求什么想象力，就是那种淳朴的味道，才最冲击人心。

如果说羊肉泡馍是面和肉以水为媒，浪马军就是面与肉以火为媒融为一体。西安，在唐朝时期是万邦人士咸集的梦幻之都，至今仍然带着唐朝那种兼容并蓄、海纳百川的气质，羊肉泡馍，就是西安这座文明古都，在漫长的历史中，逐渐吸收各路美食而汇聚成的结晶。就如同土耳其一样，位于东西方的交界处，两河流域诞生的小麦，游牧民族携来的羊肉，美洲的西红柿，中亚和印度的香料，这些各地的食材在此处汇聚成了一块好吃到爆的浪马军。

二、挑战你的勇气

带我们游览土耳其的导游是一个在北京求学生活的土耳其妹子，她一路从开始到结束不断聊起两国的食物。同为美食大国，中国和土耳其的食物都是能给异国人留下深刻印象的，两国人也免不了互相比较，除了赞美，也有吐槽。印象比较深刻的一次吐槽是：“啊！你们中国的酸奶真不好吃，是甜的！”

酸奶是甜的？回想起来，确实，无论是超市买的盒装酸奶，还是在北京城里逛胡同在恭王府附近买的老北京酸奶，回味都有那么一点儿甜。而按导游妹子的说法，土耳其的酸奶，可是“货真价实”的酸。

酸奶、罂粟和蜂蜜

在安塔利亚的一家小店里，终于见识到了真正的土耳其酸奶的吃法，却让我们觉得有点儿惊悚。老板在门口支了一张桌子，摆出了一个玻璃盘、一个钵头和一个缸儿。玻璃盘里是满满一盘儿的酸奶，如浮世绘师葛饰北斋的《神奈川冲浪里》，卷起千堆雪；钵头里是浓稠的蜂蜜，还带着一点儿爱琴海地区特有的花香；而缸儿里放着的是一个干瘪的果壳，盛着一些奇怪的粉末，这果壳似乎有那么一点儿眼熟，莫非是传说中的——罂粟?

正在忖度的时候，老板用一口生硬的京味儿普通话（不知道是从哪里学到的）开口吆喝起来："酸奶！蜂蜜！罂粟！"果然是罂粟，这种惊悚的吃法真的大丈夫?！

也有大胆的人要了一份，在一个浅浅的碟里，老板放入两大勺酸奶、一小勺蜂蜜和一小勺罂粟，食客根据老板的手势示意，用勺子把三种食物搅拌起来，然后眼睛一闭，以"小白鼠"的觉悟大口将酸奶送入口中，而用过两勺以后，脸上的神色却自如起来。

如果导游妹子没有说错的话，蜂蜜就是用来中和土耳其酸奶的酸味的；至于罂粟，啊，胆小如我，没有敢尝试这种奇特的食物，不知道这个味儿究竟该是什么感觉。

罂粟这种"恶之花"，谁也不知道最早是从什么时候进入人类社会生活中的，一些研究表明，罂粟最早可能是居住在中欧的新石器时代的人所发现的，从中欧传播到地中海东部，出现在了古代希腊人的生活中。今天中欧的捷克，是世界上出产罂粟粉的国家之一（2012 年数据显示占第一位），也常常在他们的糕点中添加罂粟粉末。也有研究者认为在两河流域苏美尔文明中已经出现了鸦片的踪迹，然后一路西传进入了希腊世界。不论是何种可能，可以确定的是，在古代希腊，罂粟和鸦片已经成为希腊半岛、克里特岛等地中海东部区域惯用的一种药物。鸦片，有治疗下痢和肠胃疾病的功效，所以希腊、罗马都将之作为药用，罗马皇帝马可·奥勒留（Marcus Aurelius，121—180）甚至经常服用鸦片以缓解他的压力，解决失眠之苦，按今天的标准看，这位皇帝已经算得上是个瘾君子了。而另一种说法是，古罗马人会给钉上十字架的死刑罪犯喝调有鸦片的酒，这样可以减轻罪犯的痛苦，罗马人应该已经充分认识到鸦片麻痹神经的作用。

在中世纪的阿拉伯世界，鸦片也是一种重要的药物，阿拉伯帝国的医生用罂粟提取物治疗腹泻、疟疾等炎热区域常见的疾病，阿拉伯商人也逐渐将这种植物向东传播到印度、中国。而鸦片真正大规模向东方传播则是因为近代的西方殖民者，英国人为打开中国国门，在印度大规模引种鸦片，并以枪炮为媒向东方世界倾销，鸦片贸易额占英属印度收入的1/7。而随着中国国门的打开，在资本主义世界化的经济浪潮中，吸食鸦片的恶习又在19世纪传播回了英美，在维多利亚末期的英国，上流社会和中产阶层也开始流行吸食鸦片和皮下注射吗啡、可卡因。阿瑟·柯南道尔描绘的福尔摩斯生活的雾都伦敦就是这样一个社会，这倒是“始作俑者，其无后乎”的很好注脚。这是题外话。

罂粟的壳和粉是罂粟提取鸦片以后的遗留物。鸦片是在罂粟成熟结果后，用刀割开果皮，收取流出的白色汁液制成。收割后的罂粟果就可以摘下，剖开，干燥，制作成一种可以入药的产品。罂粟壳并不是完全无害的药品，它仍然含有吗啡、罂粟碱、可待因这些生物碱，具有一定的成瘾性，久服仍然对人体有害。对于医生来说，罂粟壳也是一种能治疗咳嗽、下痢、吐泻、胃痛等疾病的药剂，但是，必须严格控制剂量并杜绝长期服用。因此在中国法律中，禁止将罂粟壳、罂粟粉添加到食品中，无论是火锅，还是糕点、酸奶，都不可以！

所以，对于这种拌着罂粟的食物，即便是旅途中偶一为之，我也决定明智地避而远之。毕竟，勇气没有那么大，还是让我安安静静地享受一次正常的土耳其酸奶吧。

Kokoreç

制作 Kokoreç

另一个足够挑战勇气的土耳其料理在随身的旅游书中占了一章特别的篇幅，它让我想起了在台湾夜市中非常流行的一款小吃——大肠包小肠。

所谓“大肠”是指糯米肠——把糯米进

行调味以后，塞进洗干净的大肠里，蒸熟以后就制作成了糯米肠，台湾的街头小吃也往往会加入花生增加一些坚硬的口感。而“小肠”指的是手指粗细的台式香肠。粗大的糯米肠和迷你型的台式香肠都经过炭烤，厨师切开大糯米肠，把小香肠裹入其中，加上蒜头、花生粉等配料，递给顾客。这时，你所要做的就是趁热，大口咬下，首先是韧性十足的肠衣，然后是黏牙的糯米，最后是带着卤香的台式香肠。三层不同的口感，满足了各种人的喜好，这大概就是这款人气美食流行的原因。

而土耳其式的“大肠包小肠”，被称为 Kokoreç 或 Kokoretsi。一如台式的大肠包小肠一样，是一款风靡土耳其、希腊、巴尔干半岛的人气街头美食。土耳其人用的是羊肠，把羊肠洗净，保留一点儿脂肪，切开，用柠檬汁、盐、胡椒、大蒜、橄榄油、牛至等调料腌制，然后，厨师会把肉铰成长串，塞入羊肠，再缠绕在长铁扦上烤制。烤熟的羊肠和灌注肉会被从铁扦上取下，和番茄、青椒一起切碎，加上红辣椒和香料。厨师施展他的高超技艺，用两个炒勺在火上来回颠着，把炒肠儿从这个勺颠到另一个勺，彼此往复数次，在展示炉火纯青的技巧后，炒熟的羊肠已经被放到了饼或面包上，一份独特的“羊肠三明治”就此闪亮登场。

在不怎么食用动物内脏的西方人看来，这当然是重口味的食物。其实，就算是东方人，“羊肠三明治”也并不那么好接受。喝过羊杂汤的人都知道，羊的内脏的膻味比肉还要浓重，虽然在烹饪的过程中，加入了众多作料，但仍然不足以掩盖这种味道。当然，就如同榴莲一样，喜欢的人爱得要死，讨厌的人避而远之。至少，土耳其和希腊这两个国家的人都非常喜欢这种怪怪的食物。在土耳其，这是一种流行的街头小吃，现炒现卖，新鲜热辣。而在希腊，这却是一种能登大雅之堂的前菜，特别是在东正教的复活节，希腊家庭在等待传统节日美食烤全羊的时候，总会先做上一份，作为享受复活节大餐前的开胃先锋。

如果你无法接受Kokoreç，或许也无法接受下一道菜——我们前面介绍过的İşkembe。

其实İşkembe的两种配料就显得非常奇怪：一种是醋泡大蒜酱。大家应该见识过这种经常被用来防治感冒的食物——浸泡在醋里的大蒜，带有一种酸中带辣的爽利口感，能激发你全身数万毛孔的通畅。而这里的配料则是把蒜泥和醋混合做成了酱，充分接触以后，味道更为“可怕”。另一种配料是蛋黄和柠檬汁混合成的，也有一种想象不出的味道。配合这两种奇怪配料的“主角”竟然是一道汤！庐山真面目就是牛肚或羊杂汤。土耳其人用牛的胃，也就是我们俗称的牛百叶、毛肚，炖成了汤端上桌，加入蒜醋汁和柠檬汁，调和成微酸的汤水，中和牛胃带来的令人不适的气味，再配上一个不发酵饼，食饼喝汤，是冬季最好的享受。也有一些餐馆用羊胃，那就更需要蒜汁去消除膻味，通常店家在制作这种羊肚汤的时候，还会配上一份烤熟的羊脸肉，羊肚汤配羊脸肉，蘸上蒜汁，补阳益气，暖胃健中，这道菜竟也暗合东方人的养生之道。

关于食用动物的下水这件事，整个欧洲亦不乏例子。历史上，传说在意大利托斯卡纳地区生活的伊特鲁里亚人，他们的巫师用动物的内脏进行占卜。这影响到了后世许多欧洲地区对内脏食物的喜好。托斯卡纳地区后来流行的一种鸡肝面包片（Crostini di Fegato）就是从此而来。就现代而言，苏格兰人把羊的内脏，包括心、肝、肺，和羊油、洋葱、燕麦、香料、盐等一起塞到一个羊胃里，制作成他们的国菜“哈吉斯”（Haggis），这道菜也随着苏格兰人迁移到美国、加拿大、新西兰等地。所以，完全没有必要对土耳其和希腊的那些内脏菜大惊小怪。

当然，在不太能接受内脏的人看来，这种充分应用动物内脏的菜肴就显得有几分“可怕”了，羊肠三明治和羊肚汤等传统料理也面临着危机。欧盟正酝酿颁布一体化法律禁止食用羊肠，恐怕，这对于希腊和巴尔干地区的欧盟国

苏格兰的 Haggis

家以及正在寻求加入欧盟的土耳其来说，意味着一种传统美食的消失。

最后，介绍一种我自己觉得真正需要“挑战勇气”的土耳其菜。在一些地方，可以看到用“koç yumurtası”制作成的料理，如果你抱着尝新的心态，不小心点上一道，估计就会被窘到——端上来的这长得像腰果但口感又像鸡蛋的东西究竟是什么？听到答案千万坐稳了：“羊睾丸！”想到有一次去涮掏羊锅，同事把这玩意儿夹到我的盘子里，然后一脸坏笑地看着我吃下去以后再告诉真相的经历，还真是有点儿“心有余悸”。

一个冷知识是：美国人似乎管牛睾丸做的菜叫作“落基山脉生蚝”（Rocky Mountain oysters），这道菜深受牛仔的喜爱，也形象地表现出了睾丸和生蚝这两种食物功效的类似。

三、最爱的那一根茄子

要形容一道菜好吃，该用怎么样的词汇来形容才足以吸引人呢？这个让许多美食作家头疼的问题，古人却很轻松地解决了。比如大中华有一道驰名天下的菜，叫“佛跳墙”——海参、鲍鱼、鱼翅、干贝、鹿筋、鸽蛋、鸡、冬菇、羊肘、火腿……大批山珍海味炖于一坛，炖熟的时候香气满室，恐怕隔壁邻居都会循味而来吧。

据说佛跳墙的原名叫“福寿全”，只是因为福建当地的谐音才改写作“佛跳墙”。但比起前面这个俗之又俗的名字，显然人们更喜欢后一个。看到名字，就能想象出一幅画面：当酒坛里的佛跳墙已经炖熟，隔壁寺院里的僧人虽然禅定，但闻着味儿不由得心猿意马，终于忍受不住诱惑，翻墙而来，不顾清规戒律，端起碗来如风卷残云。还有什么形容比这个名字更有广告效应么？

土耳其人的一道菜，取名字和“佛跳墙”一样有趣，但是更简单粗暴，它的名字叫“伊玛目晕倒了”（Imam bayildi）

这个奇怪的名字来自一个坊间流传的美食故事，一位土耳其的伊玛目（伊斯兰教称呼，意思是“指导者”，常见的职责是引领和指导信徒进行礼拜，穆斯林也常常把熟知教义、充满智慧的领导者称呼为伊玛目，给予尊敬）吃了他的妻子给他做的这一道菜，兴奋得晕了过去。而另一个故事则更为具体，说伊玛目和一个橄榄油商人的女儿结了婚，他得到的嫁妆是 12 大罐子上好的橄榄油，于是新媳妇儿每天都用橄榄油做一道茄子菜给丈夫吃，而到了第 13 天，餐桌上突然没有了这道茄子菜，伊玛目这才知道，原来这道菜一天要消耗一桶橄榄油，在短短 12 天里已经用完了嫁妆，于是晕倒在地。

如果是第一个版本的故事，我们相信这是在形容这道菜有多么好吃；而第二个版本的故事，似乎在形容这一道菜有多么奢侈——真是太费油了！究竟是什么菜如此神奇呢？

说了也许你们不信，这道菜的主料根本没有佛跳墙那么夸张，只是一样平常的蔬菜——茄子。

“伊玛目晕倒了”的制作方法也是平平常常：把茄子和蒜、番茄、洋葱用橄榄油慢慢煎熟，和土耳其传统的 Pilav 炒饭一起端上来，就是一道广受欢迎的、能让伊玛目晕倒在地的名菜。

茄子是蔬菜界著名的“悍马”，在制作过程中十分耗油，家常炒一碗茄子，

伊玛目晕倒了

往往倒下去许多油，但在起锅的时候，油却不见踪影了。而茄子一口咬下去，满嘴油香。茄子的“肉体”是一种“多孔”的结构，一遇热油，就会把身体里的水分“烘”出来，疯狂吸收置换成油进入体内，这就是为什么伊玛目家做这道菜一天用掉一桶油的秘密。

茄子有这样一个特性，虽然不至于夸张到让人晕倒，但对于想要减肥的人来说也是一件头疼的事儿，所以在料理茄子的时候，人们总是想尽办法，诸如用盐先腌制脱水，用无油锅先炒到半熟等。当然，也可以利用茄子的这个特性，制作一些没有“茄子味”的茄子菜。

看过《红楼梦》的，都会对那道著名的“茄鲞”记忆深刻，按书中王熙凤的说法：“你把才下来的茄子，把皮刨了，只要净肉，切成碎钉子，用鸡油炸了，再用鸡肉脯子合香菌、新笋、蘑菇、五香豆腐干子、各色干果子，都切成钉儿，拿鸡汤煨干了，拿香油一收，外加糟油一拌，盛在磁罐子里，封严了；要吃的时候儿，拿出来，用炒的鸡瓜子一拌，就是了。”茄子先用鸡油炸过，就吸满了鸡油的味道，然后再经过香菌、新笋、蘑菇提味的鸡汤洗礼，前面的鸡油被茄子吐出换成鸡汤，最后再经过香油加糟油的“折腾”，腌制半晌，茄子就好像一块海绵，吸收了各路汤汁油水，早就没了茄子自己的味道。难怪刘姥姥吃到以后摇头不信：“别哄我了，茄子跑出这个味儿来了！我们也不用种粮食，只种茄子了！”

在土耳其，做一个素食主义者是一件比较麻烦的事情，因为所到之处，往往都是肉食。而一些表面上是素食的东西，比如蔬菜制作的炒饭、炒蔬菜等料理，他们也往往会用肉汤或肉汁调味，或加入牛羊油。但这并不妨碍土耳其人对蔬菜的喜好。他们夏天吃新鲜蔬菜，冬天还吃腌菜。

要说土耳其人最喜欢的蔬菜，非茄子莫属。土耳其人自称能用茄子做成一堆不同的料理，这倒是件真事。

在悬疑小说《逆神的爱》中，考古队的厨师哈拉夫说：“在我们那里，一顿饭可以用茄子做出十五种不同的菜色。”针对别人的质疑，哈拉夫带着一点儿自豪报了一堆菜名：“炸茄子、肉末烤茄子、茄子烤肉串、酿茄子、碎茄子、腌茄子、茄子酱、犹太客人……有十五样了吗？”

哈拉夫说的“犹太客人”就是一道特殊的茄子菜，做法可参考书中的描述：“首先你需要把茄子切碎了，接着你要把洋葱放成棕色，和碎牛肉一起放在一个盘子里，加点番茄酱，接着加茄子进去，烹调一段时间之后加些碎麦进去，做法和做肉饭一样。这样一道‘犹太客人’就成功出锅了。”

不知道这道“犹太客人”是真有其菜，还是小说作者的虚构。从“犹太客人”这个词倒是可以窥见一段土耳其的历史。在奥斯曼帝国统治时期，帝国将臣民组建为一个个“米勒特”，每个奥斯曼帝国的臣民都必须从属于某一个以宗教

奥斯曼帝国时代在伊玛目引导下进行礼拜的穆斯林

信仰为划分标准的米勒特，这样才能保证自己的社会身份和地位。帝国通过米勒特的领袖和臣民发生关系。其中，犹太米勒特是除了穆斯林米勒特之外帝国承认的三种米勒特之一。犹太人自当时迫害他们的东欧诸国及德意志、奥地利等地迁移到帝国境内，并在16世纪后期得到了帝国苏丹的庇护，因此渐渐获得了很大的自治权利。而部分犹太人在迁移到欧洲前就居住在中东，各地的美食和口味，随着迁徙的人融进了土耳其料理，也给我们留下了一些追溯历史的蛛丝马迹。

一道显然是从中东传播到土耳其的著名茄子料理是木莎卡（Moussaka），这个名字来自阿拉伯语中的musaqqa‘ah，意思是“冷藏”。

今天的希腊人就经常制作这道菜，他们制作的是一种特殊的“三层”料理。先将茄子用橄榄油煸熟，铺于底层。第二层是半熟的碎牛羊肉末，混合番茄、洋葱、蒜和肉桂、胡椒等香料。最后在最上层浇上西餐中常用的白汁，放入烤箱，烤到表面焦黄。取出以后，就是神似意式千层面的希腊式木莎卡。而土耳其人的木莎卡则是采取了更简易的做法——不分层，只是简单地将茄子、洋葱、青椒、西红柿等炒成一锅，然后配上土耳其炒饭和酸奶端给顾客。有趣的是，不论是土耳其版本还是希腊版本的木莎卡，都背离了这道菜本身的“宗旨”——冷藏。所以，正统的木莎卡仍然存在于中东黎凡特地区，这道菜是作为前菜冷盘端给顾客的。

相对冷盘来说，在吃茄子这个事儿上，土耳其人更喜欢热菜。他们制作的“伊玛目晕倒了”是一道常温菜，如果把“伊玛目晕倒了”做成热菜，那就换了另一个名儿——“Karnıyarık”。

所以，在“折腾”茄子方面，土耳其人确实有非凡的才能。小说中所说的“茄子能做出十五道不同的菜色”是一种毫不夸张的说法。毕竟，茄子在土耳其人的心目中，是“蔬菜中的苏丹”啊！

吃不完的蔬菜，就做成酸菜储藏起来吧！在寒冷的大东北，在冬天即将到来的时候，人们收集晾晒干净的大白菜，掰去老帮，整齐地码放在一个大坛子中，加水加盐，用一块石头压住，隔绝空气。在接下来的日子里，乳酸菌会慢慢让白菜发生微妙的变化，这时，白菜已经开始泛出微酸的口感。拿来做酸菜炖肉，是抵御东北冬天寒气的良方。

在土耳其的超级市场，可以看到一个个透明玻璃小罐，里面是色彩缤纷的各种酸菜。和中国大东北的豪迈酸菜比起来，土耳其泡菜有一种小清新的萌感。黄瓜、芹菜、胡萝卜、洋葱、卷心菜、辣椒、蒜头，当然也少不了“苏丹”茄子，被混上各种香料，加上盐、醋，装入瓶子，慢慢发酵。红的、绿的、黄的……每一个瓶子都有一种主题色，最适合放在琳琅满目的货架上出售。

这种煞是好看的泡菜，名叫 Turşu，这个词语在波斯语中的意思是“酸”，够直白吧。

茄子做成的土耳其酸菜，叫 Torshi Liteh，烤熟的茄子，混合上西芹、薄荷、香菜、罗勒叶，倒上醋，放入一个玻璃罐子里，密封收藏三个月，就能获得这种独特的酸菜。在肉食丰富的土耳其料理中，这种酸菜是最好的点缀。

制作土耳其酸菜，还有许多种方法。和红辣椒、胡萝卜、芹菜等混合的花椰菜，撒上盐和糖以后腌制一夜，第二天把腌出的汁儿倒入醋炖煮几分钟，连菜一起倒入罐子，压上树枝和石块，密封发酵后，可以得到脆生生的 Tsarska Trushiya。如果来到土耳其，想吃点儿蔬菜的话，除了新鲜的沙拉，也可以尝试一下这些带有东北味儿的酸菜哦！

酸，这种味道有一种神秘的魔力，三国时的曹操，为了解决士兵们的干渴，诱骗大军说前面有梅林，收到了立竿见影的效果。就算是本书作者本人，在写到这一段的时候，嘴里正不自觉地在分泌着唾液，这时候，就请把烤肉正餐速速端上来吧！

四、奥斯曼帝国的宫廷料理

在宋朝的美食食谱《山家清供》中，记录了一道流传至今的美食——蟹酿橙。今天江南的餐厅中，仍然还在制作这一道工序繁复但诱人的菜。书中是这样说的：

橙用黄熟大者，截顶，剜去瓤，留少液，以蟹膏肉实其内，仍以带枝顶覆之，入小甑，用酒、醋、水蒸熟，用醋、盐供食，香而鲜，使人有新酒、菊花、香橙、螃蟹之兴。

剜去瓤的黄熟大橙子里留着少许的橙子汁液，配合上厚实的蟹膏肉，在蒸的过程中，橙汁与蟹膏水乳交融，在揭开盖以后，得到了金玉满碗。这道菜，深得水鲜菜的精髓。作者写完，还不忘掉个书袋，说："黄中通理，正位居体，美在其中，而畅于四肢，发于事业，美之至也。"这句是《易经》中的话，本来说的是易理。前人用来比喻螃蟹，算是一种"歪解"，作者再用来比喻蟹酿橙，虽然是个玩笑，但确切。

而另一道"莲房鱼包"，制作方法也是大同小异：

将莲花中嫩房，去瓤截底，剜镶留其孔，以酒、酱、香料加活鳜鱼块，实其内，仍以底坐甑内蒸熟，或中外涂以蜜出碟，用"渔父三鲜"供之（三鲜：莲、菊、菱汤齑也）。

简单地说，就是把莲蓬挖空，把鳜鱼块塞进去，加酒、酱、香料蒸熟，涂蜜出锅，配上莲、菊、菱制作的汤料食用，光想一下就觉得有一股清香扑鼻而来了。

用某种瓜果做容器，用蒸的方法做菜，可谓是东方饮食文化中的一大发明。而这种方法的关键在于掌握“搭配”的秘诀。并不是什么瓜果都可以拿来做容器的，也并不是什么菜都可以拿来塞在瓜果里炖的。瓜果要和菜肴形成口味上的互补，又不能在外形上太过突兀，要紧的是，必须符合“色香味意形”的五字真言。

用中国古老道家哲学的理论说，瓜果是“炉鼎”，菜肴是“丹药”，炉鼎和丹药搭配，再以小火慢炖，方能炼成正果。要是如《西游记》里的孙猴子一般，将老君的丹不分青红皂白当炒豆子一样倒进肚子里，腹中自然会如火升腾。大约只有运气最好功力最艰深的人，才能炼成一块了。普通厨子，少不了走火入魔。

而在一部由日本TBS电视台拍摄的关于伊斯坦布尔的纪录片中，记录了圣索菲亚大教堂对面的一家餐厅所制作的一道“木瓜多尔玛”（Kavun Dolma）：

土耳其人所喜爱的牛羊肉末，拌上洋葱、蒜、辣椒等下锅翻炒，加入米饭、阿月浑子等，撒上来自东西方的香料提味。同时，将一个木瓜切开，剜去中间的瓤，瓜皮挖成碗状，把上面加工好的炒饭放入其中，上锅蒸制。在蒸的过程中，不断把汤水用勺子浇到菜上，到火候后装盘出锅。

这一道菜，被誉为中西美食集于一锅。木瓜，是来自中国的食材，中国的广西、广东、福建、台湾等地，至今仍有广泛种植。成熟的木瓜果实呈暗黄色，切开以后有浓郁的果香。中国产木瓜不同于来自美洲的番木瓜，其果实味道略涩，因此常常用糖水浸泡或水煮后食用，土耳其人用它来作为“炉鼎”，可谓物尽其用。木瓜里盛的，是游牧民族的牛羊肉、印度和香料群岛来的胡椒、

托普卡帕宫

自丝绸之路传来的米等等，一碗木瓜多尔玛，盛载的是一段东西方交流汇聚的历史。

这一道菜，是曾经在托普卡帕宫中制作的奥斯曼帝国的宫廷菜。

kavun 在土耳其语中的意思其实是甜瓜，今天在市场上卖得红火的哈密瓜就是其中一个品种。在奥斯曼时代，甜瓜可能是更容易获得的食材，毕竟这种原产于非洲和西亚的瓜果在罗马帝国时代就已经在欧洲出现，奥斯曼帝国横跨欧亚非的广大统治区域内能轻松获得这种甜瓜。但甜瓜很可能有一种不如木瓜的缺点——因为甜瓜的水分和糖分都要高于木瓜，一旦用于做“炉鼎”，未免有喧宾夺主之嫌。而换用平淡无奇的木瓜，却能最大限度烘托出牛羊肉和炒饭的主角地位。

更何况来自古老东方国度的木瓜，在宫廷料理中，比大路货甜瓜更能提升“逼格”。不信，你走进伊斯坦布尔托普卡帕宫的珍宝馆看一下苏丹们使用的食具：来自东方中国的元明清青花瓷器、来自西方哈布斯堡王朝统治下的金银器皿，曾成套成套地被摆上桌。苏丹餐厅的墙面上，画着梨、桃子、石榴等来自亚欧大陆各地的水果。而在一套中国的瓷器餐具上，苏丹创造性地镶嵌上了金子和宝石，使得本身在帝国内贵逾黄金的中国瓷器在外观上能更符合苏丹尊贵的身份。这几大强国都侍候着苏丹一人，这面子还小么。

今天的托普卡帕宫厨房已经开放给普通民众参观，巨大的锅炉瓢盆，显示着当年苏丹的豪奢。据说曾经有上百名厨师同时在这个庞大的厨房里为苏丹工作，他们每天要消耗200多头绵羊、100多头小绵羊或小山羊，制作成的菜，经过试毒以后，才能端到苏丹的桌上。这些为苏丹服务的厨师们来自五湖四海，带来了不同地方的特色，而苏丹也常常把手下的厨师派到帝国的各地，去收集各种各样的料理秘方，将它们带回宫廷。这个苏丹的厨房，是土耳其料理的“霍格沃茨”，中亚的游牧料理、西亚的阿拉伯料理、地中海的古代希腊罗马料理、欧洲中世纪的料理、非洲料理在托普卡帕宫的厨房里慢慢融合，成为今天闻名世界的土耳其料理的一大滥觞。

今天，昔日的宫廷味道有许多已经传递到了土耳其的大街上。在帝国时代，宫廷厨师为斋月期间的穆斯林烹饪食物，或作为苏丹的“赏赐”为苏丹的大臣或各地的“帕夏”（paşa，奥斯曼帝国时期的军政长官头衔）制作餐点，将宫廷中的料理慢慢普及出去。随着帝国在一战后的倾圮，帝王的专享终于成为民众的狂欢。

今天的许多土耳其料理，都可以追溯到帝国时代。如土耳其人喜欢的布列克（Böreği），就诞生于奥斯曼帝国时代的安纳托利亚地区，有人认为它或许可以追溯到罗马时代，但更多的人认为，这是土耳其人来到安纳托利亚时，对这里原本就有的罗马和拜占庭料理加以改进融合制作成的奥斯曼料理。土耳其人发挥自己的想象力，把一种简单的糕点做成了各种形状，体现出了区域特色。比如伊斯坦布尔的一种布列克，被称为 Paçanga böreği，它用的是芝麻饼、肉馅和芝士。这肉馅又不是普通的肉馅，而是一种和布列克一样古老的熏肉，它也诞生于奥斯曼帝国统治下的安纳托利亚。上好的牛肉用盐腌制过后用水洗净，在干燥处阴干 10—15 天，就制作成了这款 Pastırma，配上奶酪以后放在芝麻饼中，会有特殊的火腿香味。而最普通的一种布列克——Su böreği（意为“水布列克”）则是简简单单，把面团放入大锅，刷上黄油、乳酪，撒上香菜，蒸熟就可以出锅。大饼的形状也并不是布列克的“规矩”，Sigara böreği（意为“烟卷布列克”）就不一样，它裹着乳酪、香菜、肉末等食材，却是烟卷形的，所以得了一个“烟卷布列克”的名字。

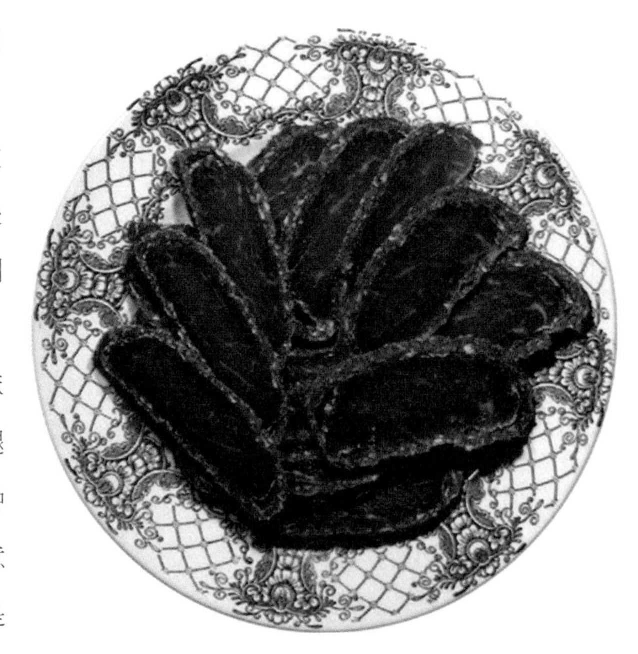

Pastırma

这种丰富的变化，显然只有在民族如“大熔炉”的奥斯曼帝国时代才能出现。正如中华料理中的豆腐脑一样，帝国的庞大，使同一款食物随着地域的不同，出现了各种变化。

只有如上述的木瓜多尔玛这样的一些奢侈菜肴，才以猎奇的名义被冠以“宫廷料理”小范围制作着。

今天，在土耳其的街头，当你品尝着牧羊人沙拉，看着厨师优雅地从烤肉架上为你切下烤肉，炉子里正烘焙着浪马军，街头走过顶着 Simit 的小贩，对街则是冰淇淋小贩在“调戏”着游客。你可曾感受到，那一种厚重的历史积淀，正在你面前慢慢展开。

走进蓝色的土耳其

有这样一首歌，在旅行的过程中总是萦绕在耳边：“还贪恋着你的风情，诱惑着你的神秘，埋葬了我的爱情，忧郁蓝色土耳其。紧跟随着我的稚气，逃避着我的宿命，徘徊在你的淡淡哀愁灰色眼眸里，我愿相信爱有奇迹。”

翻了这首歌的 MV，歌手在伊斯坦布尔的街头漫步，背后是圣索菲亚大教

安塔利亚一角

堂、苏丹艾哈迈德清真寺……然而美中不足的是，MV的颜色基调是灰色的，而我记忆中的土耳其是蓝色的——安塔利亚的地中海是蓝色的，卡帕多奇亚飘满热气球的天空是蓝色的，苏丹艾哈迈德清真寺的墙和柱是蓝色的，连路边店中出售的纪念品瓷猫也闪烁着耀眼的蓝色光芒。

Day 1：特洛伊之谜

《荷马史诗》中曾经这样描述道："藏在木马腹中的阿开奥斯英雄，给这座城市带去了不可避免的毁灭。"但是，当亲临特洛伊这片土地的时候，看到一只硕大的木马站立在遗址的门口，仍然不免有一点儿惊喜感。

从伊斯坦布尔前往特洛伊，要乘坐轮渡，渡过狭窄的达达尼尔海峡，海峡的一侧，是湛蓝的爱琴海。3000多年前的古代希腊人，就是乘坐着无数战船，从希腊半岛的奥利斯港（Aulis）扬帆起航，驶向亚细亚的领土的。在此后10年的战争中，无数希腊人成了异乡的冤魂。

海因里希·谢里曼

绕过腹藏三层楼的硕大木马，展现在眼前的，是几千年前的断壁残垣，在这里，曾经发生过一个动人心魄又让人嗟叹的故事。

发现这一片遗址的人，叫海因里希·谢里曼（Heinrich Schilemann，1822—1890）。这个传奇的冒险家，自幼就对《荷马史诗》中英雄的传奇充满兴趣，成年以后，他成了一个商人，精通英语、法语、俄语、西班牙语、意大利语、阿拉伯语、土耳其语等多种语言，靠着非凡的才能和奇迹一样的运气，积攒了大量的财富。在商业上取得巨大成功后，他重新把视野转向孩提时代的梦——寻找特洛伊。

当时许多学者并不认为特洛伊是一个真实存在的城市，也不认为《荷马史诗》的记录是真实可信的。海因里希·谢里曼却坚信荷马笔下的特洛伊国王普里阿摩斯（Priamos）真实存在。他手持一本《荷马史诗》，在向导的带领下，骑着马踏上亚细亚的土地，开始了一生最大的一次冒险。最终，他确定了今天土耳其恰纳卡莱附近的希沙利克（Hisarlık）是特洛伊遗址的所在地，他登上土丘振臂高呼："朱庇特（即宙斯）曾在它的顶峰俯视特洛伊城！"而今天的我们，在特洛伊遗址的山丘上眺望远方，也不由得会认可谢里曼的论断："若是在这里修筑防御工事，就可以掌控整个特洛伊平原。"

就是在这个土丘之下，他发现了一个新的遗迹，当土丘如土耳其料理中必不可少的蒜瓣一样被剥开后，在里面发现了几层古代遗迹。谢里曼却并不满足于此，他仍然疯狂地挖掘着。直到1873年的某一天，敏锐的谢里曼发现工人发掘出了金子的痕迹，他立刻遣散了工人，带着妻子继续挖掘了一晚上，将所有发掘出的珍宝席卷而去。

今天的我们，已经很难将海因里希·谢里曼称呼为Archaeologist（考古学家），他更应该是一个Gold Diggers（掘金人）。他所关注的，仅仅是他称呼为"普里阿摩斯宝藏"的金子，并不关心脚底下的遗址究竟能说明什么样的历史。事实上，他从来不知道他已经犯了一个巨大的错误——他挖掘出的所谓"普里

特洛伊一角

特洛伊一角

阿摩斯宝藏”，并非属于荷马笔下特洛伊战争时代的特洛伊七期（Troy Ⅶ a，前 1300—前 1190），而是属于比这一时代更为久远的特洛伊二期（Troy Ⅱ，前 2600—前 2250）。而这些珍宝被带出土耳其以后，一直在德国展览，二战以后被苏联掠走，最后，被藏于莫斯科的普希金博物馆。

如今我们看到的特洛伊，仅剩断壁残垣能让人依稀凭吊繁华的岁月。4000 多年前建立起的宏大的中央大厅，曾经熙熙攘攘、门庭若市的南门城墙，罗马时代遗留的神庙、剧场和会议厅，都标记着这个城市曾经的记忆。从公元前3000年开始，到公元500年，人们在这个城址上不断兴建，即便地震、战争将城市一次次毁灭，仍然不能阻止人们重建的决心。特洛伊这个城市，本身就见证着古代人类坚强的意志力。

Day 2：以弗所的奇迹

离开特洛伊，沿着爱琴海岸一路飞奔，可以到达罗马帝国亚细亚行省的首都以弗所。

古罗马时代，远航的水手进入这个庞大的城市前，先要沐浴，虔诚地洗去身上携带的一路风尘，然后才能缓步进入。因为这座城市是月亮女神阿尔忒弥斯（Artemis）的圣地。

以弗所大剧院

塞尔苏斯图书馆

哈德良神庙

古代希腊时期的爱奥尼亚人，在德尔斐神庙中获得了神谕，远渡爱琴海建立了这一座城市，他们把自己对阿尔忒弥斯的信仰和当地对丰产女神的信仰结合起来，以阿尔忒弥斯为丰产女神加以崇拜。这里的阿尔忒弥斯神殿屡毁屡建，成为古代世界的“七大奇迹”之一，与金字塔、亚历山大灯塔、罗德岛太阳神巨像等伟大建筑齐名。

从今天的以弗所遗迹，我们只能看到当时不到 20% 的城市，还有 80% 多的城市仍然深埋地下，这让我们惊叹于这座城市曾经的繁华壮丽。

从拜占庭帝国时代为复兴城市而建造的海港大街走入，首先映入眼帘的是依山而建的宏大的大剧院，站在舞台上向观众席仰望，耳边依稀能听到当时如雷的掌声和欢呼声。这座剧院能容纳 25000 人，而考古学者认为，这个数字乘以 10，就是以弗所在古罗马全盛时期的人口总数——250000 人！

走出剧院，沿着大理石街道一路前行，在道路拐角的右侧，是气势恢宏的塞尔苏斯图书馆，拾级而上，仰观壮丽的门廊，四座神龛中安放着姿态各异的希腊美德女神，象征着仁慈、思想、学识、智慧。走入门内，想象着当年满墙的壁龛存放着 12000 卷书籍，许多游客喜欢驻足于此，静静地坐在台阶上，感受一下这座仅次于亚历山大图书馆和帕加马图书馆的古代世界第三大图书馆的魅力。

走出图书馆，迎面是城市中最大的库瑞忒斯大道（Curetes Way），轻轻踏在大理石石板上，阳光照耀下的人影如千年前的古罗马时代一样映照在道路中央，细细抚摸着石板上工匠镌刻的姓名和两边建筑上曾经放置油灯的凹槽，如同触摸到了通向过去的时空隧道之门。在右侧，科林斯样式的哈德良神庙门楣上刻着能庇佑平安的命运女神提喀（Tyche）和吓阻邪灵的女妖美杜莎（Medusa），罗马时代的海员曾在此虔诚祈祷出入平安；在神庙后的深处，隐藏着城市的妓院，人们昔日寻欢作乐的场所如今杂草丛生；再向前是另一处以罗马皇帝命名的建筑——图密善喷泉，流水潺潺的景象已不复见，唯有皇帝的雕像依然神气活现地站立在喷泉前，宣布自己征服了这个城市的每一个角落。

不知不觉就来到了以弗所的上层，能容纳5000人的音乐厅、层层叠叠的爱奥尼亚柱和多立克柱、巨大的阿尔忒弥斯像，为我们叙说着城市昔日的奢靡，并让人惊叹于罗马上层贵族的富庶。

如果这仅仅是城市的20%，那么我们能由此想见这个25万人的港口大城当年如何凭借海上贸易和阿尔忒弥斯朝圣带来的丰厚利润而迅速崛起，又如何在辉煌了千年以后默默消失在历史的尘埃里。直到今天，我们在这一片遗迹中，享受着一次奇迹般的穿越之旅。

Day 3：棉花堡的阳光

告别爱琴海的蔚蓝，行驶在安纳托利亚东部的山地中。在这里，有一片山，是最特殊的一处。

这片山的名字，叫帕慕克恰莱（Pamukkale），pamuk在土耳其语中是棉花的意思，kale是堡垒的意思，因此，这个地方的中文名字就是充满诗意的“棉

棉花堡（帕慕克恰莱）远景

花堡”。

在山脚下远眺，白色的钙华如夏日的浮云，袅袅悬停在山腰中，山体如两臂舒展，划出一道漂亮的弧线。走上山头近观，层层叠叠如梯田一般的钙华池错落于山间，如冬日的积雪，在阳光的照耀下，反射出夺目的光芒。这一片大自然的奇迹，和山巅上的希拉波利斯古城并为双璧。

这一片华丽的白色山体的形成跨越了万年，位于欧亚大陆交界区域的土

希拉波利斯古城与棉花堡风貌

耳其有着激烈的地质活动，在帕慕克恰莱地区，火山运动使地下的二氧化碳和碳酸钙不断涌出地表，形成了白雪一般的钙华，流淌凝固在山体表面。古代希腊罗马时代，人们把这种神奇的自然现象看作是地下之王的神力，特别是火山附近的孔穴能冒出令人窒息的气体，更被视作是冥王普鲁托（Pluto，即希腊神话中的哈迪斯）的召唤。

古罗马的祭司深谙以自然之力显示自己能耐的技巧，他们珍藏着接近“冥府之穴”屏住呼吸的秘诀。这并不是什么新鲜的事，古希腊的祭司也曾借此牟利，闻名于希腊世界的德尔斐神谕就曾借助过地质活动的力量。考古学者发现，德尔斐阿波罗神庙巧妙地建筑在两个地理断层交会处，使得神庙中的祭司能吸入地下涌出的含有乙烯等物质的气体，而这种物质能诱发人进入迷幻状态，所谓的德尔斐神谕，就是在迷幻状态下发出的谵语。

或许，这造就了棉花堡上方这座希拉波利斯古城的繁荣。希拉波利斯和德尔斐一样，有一处依靠占卜而闻名的阿波罗神庙，同时，还有繁荣的罗马浴场。从地底涌出的温泉，满足了罗马人洗浴的爱好。今天，帕慕克恰莱仍然以温泉惠及世人，来到这里，必须跳入温泉池子，洗去旅途的疲惫。

Day 4：安塔利亚的古早味

在进入这座古城前，导游和我们说了这样一句话：“安塔利亚是世界上最美丽的城市。”她表示，这句话并不是她说的，而是土耳其的国父——凯末尔说的。

对于一个出生并成长在被称为“人间天堂”的城市的人来说，“世界上最美丽的城市”这种说法显得不怎么令人信服，但安塔利亚在短短的一天中，给我们展示了它最美的一面，至少，我们明白了凯末尔为什么如此赞美它。

站在卡莱伊奇（Kaleiçi）老城的入口，一边是叮当作响的有轨电车，缓

安塔利亚老城区

缓地在大道上驰过，另一边有一座威武的雕像，两脚微分，手执权杖，傲然而立，他是古城的建造者帕加马（Pergamon）国王阿塔罗斯二世（Attalus Ⅱ Philadelphus，前220—前138）。公元前150年左右，他在地中海边上建起了这座城市，用他的名字命名。这个王国素来是罗马的盟友，又在公元前133年被阿塔罗斯三世遗赠给罗马，最终成为罗马亚细亚行省的一部分。在塞尔柱突厥统治时代，这座罗马的古城中竖立起了清真寺和尖塔，站在阿塔罗斯二世的雕像下远望，可以看到苏丹在13世纪初期建造的红色尖塔（Yivliminare）矗立在城市的最高处，这成为安塔利亚今天的象征。

在这个城市的卡莱伊奇老城漫步，是一件很诗意的事儿。卡莱伊奇，意思是“在城堡中”。老城的东面，仍然残留着罗马时代的城墙和皇帝哈德良曾经走过的“凯旋门”——哈德良城门。城中是鳞次栉比的奥斯曼时代建筑，红瓦白墙，古意盎然。每个屋檐下摆放着各式的土耳其特色商品，空气中弥漫着

安塔利亚考古博物馆

咖啡和香料的混合香味，迷离而梦幻。

在古城小巷中穿梭，会偶遇置身在一座古宅中的卡莱伊奇博物馆，墙上悬挂着描绘昔日安塔利亚城市全景的油画，一个个生动的蜡像，展示着这个城市曾经的习俗和生活方式。带着岁月痕迹的瓷器，展示的是城市厚重的历史积淀。

在这座城市，你可以扬帆出海，在地中海上感受杜顿瀑布（Düden Waterfalls）的迷人魅力，也可以安静地走进安塔利亚博物馆，去寻找古希腊罗马时代留下的辉煌——不要小看这些残缺的雕像，他们的肌肉线条、衣服褶皱都代表着古代希腊和罗马时代人独特的审美。许多人静静地在展厅中徜徉，仔细端详雕像的每一寸肌肤、每一张面孔，他们代表着古代人的喜、怒、哀、乐，凝聚了古代人的信仰和崇拜，在这个土耳其最棒的博物馆，可以感受到迎面而来的历史气息。

安塔利亚的标志性食物是 Piyaz，煮熟的扁豆或鹰嘴豆，配上蒜、洋葱和核桃，浇上芝麻酱，淋上一勺地中海的橄榄油。这道其他人作为前菜的沙拉，在安塔利亚人眼中是道地的主菜。安塔利亚的美食，也和城市一样充满古早味。

这个打动凯末尔的地中海城市，也在打动身处其中的我们。

Day 5：科尼亚的旋转世界

离开地中海的世界，渐渐深入安纳托利亚的内陆，慢慢能感受到土耳其的另一种不同的魅力。

科尼亚就是这样一个自带神秘气息的城市，这里，有 Etli ekmek 这样奇怪又好吃的食物，也有一座“奇怪”的博物馆——梅夫拉纳博物馆。

初识这一座博物馆，会将以前对博物馆的定义完全抛开。如同魔笛一般粗细长短不一的宣礼塔错落排布在建筑上方，使博物馆的外观如同迪斯尼的公主城堡一般充满梦幻色彩。走入博物馆中，豪华的水晶吊灯和美轮美奂的厅堂，

梅夫拉纳博物馆

提醒您一件重要的事：这不但是一间博物馆，还是一座清真寺。安葬着鲁米的石棺上覆盖着华丽的天鹅绒，而一幅大头巾安放在石棺上，象征着这位教团引导人至高无上的地位（梅夫拉维教团中，头巾的圈数越多，代表地位越高）。在这座博物馆中展示的《玛斯纳维》手稿、《古兰经》、乐器、瓷器，为我们构筑起了这个教团的精神世界。

梅夫拉维教团的特色是旋转舞，这种被列为人类非物质文化遗产的特殊舞蹈是土耳其的一大象征，甚至街边的纪念品店都有出售正在旋转跳跃的托钵僧手伴。梅夫拉维教团托钵僧的旋转舞名叫 Sema。在苏菲主义的信仰中，有一种称呼为“迪克尔”（Dhikr）的仪式，信徒会反复默诵或朗诵某种话语，表达对安拉的赞颂、思慕、向往的情绪。而 Sema 可以看作是一种迪克尔，托钵僧们身穿苏菲派常见的白色长袍，外裹着黑色的斗篷，头戴着圆顶的帽子，在仪式开始后，所有托钵僧会脱去黑色的斗篷，象征和尘世的纷扰分离，然后双手合抱，在大师的注视下合着鼓乐的节拍开始旋转，他们举起右臂，象征接受上天的祝福，左臂向下，象征传递祝福于人间。

据说，这种舞蹈是鲁米亲自编排的。有一天，鲁米在街上听到了市场里金匠有节奏的敲打声，他情不自禁旋转起来。后来的信徒都相信这样的方式能让他们更接近于心目中的安拉真主，衍生出了充满神秘主义色彩的 Sema。

今天的我们，能在科尼亚感受到这个土耳其引以为傲的非物质文化遗产的精彩，这种神秘的舞蹈所蕴含的文化意义早已经胜过其本身的宗教仪式的意义。科尼亚的旋转世界，给予这个城市奇特的魅力。

Day 6：卡帕多奇亚的冒险

在卡帕多奇亚旅行，是需要一点儿运气的。

清晨，在天色还昏暗的时分，踏上了汽车，前往热气球的起飞地。而就在前一天傍晚，可能您正在刷着天气预报，默默祈祷今天有一个好天气。热气

卡帕多奇亚山谷

球需要一点儿恰到好处的风，无风则不能起飞，风大则危险性大，一枚热气球，深得“度”的哲学精髓。

好风凭借力，送我上青云。在黑暗中，发动机冒出了灿烂的火光，在晨曦中，五颜六色的热气球开始冉冉升起，迎着朝阳，飞翔在卡帕多奇亚的上空。当天色渐亮，第一缕阳光照在岩石上，卡帕多奇亚的“仙人烟囱”出现在视野中。在漫长的岁月里，大自然把覆盖在这里的火山灰细细打磨，创造出了怪石嶙峋的烟囱形状，宛如一朵朵蘑菇散落在卡帕多奇亚的山地之中。而土耳其人的村落、建筑、遗址就分布在这一片片“仙人烟囱”中。

天色已大亮，驾驶员发出了“landing”的指令，热气球平安地降落在公路旁，人们打开香槟，向空喷洒，庆祝一次冒险的结束。

与天斗其乐无穷，与地斗其乐无穷。卡帕多奇亚的百姓就生活在这片自然打造的奇特山地中，岩石上的洞穴成为他们最好的住所，可以躲避山区冬季的寒冷。最令人神往的，是古罗密露天博物馆中的洞穴湿壁画。在罗马帝国和拜占庭帝国时代，避难在地下和岩穴中的基督徒在黑暗世界里隐藏着自己的信仰，留下了璀璨的文化遗产。特别是古罗密的黑暗教堂，在这个几乎没有光亮的岩洞中，沿着岩洞的顶部，古代的基督徒雕刻出了教堂的吊顶，并且在泥土没有干燥前用颜料绘出了耶稣、圣母、天使等形象，栩栩如生，令人叹为观止。这大约就是古罗密这个世界遗产让无数慕名而来的游客沉醉于此的奥秘吧。

卡帕多奇亚有许多种游览方法，可以挎上背包，沿着玫瑰谷到红谷进行一次探访岩窟教堂和地下世界的徒步旅行；也可以跨上马，在崎岖的山地中来一次策马放缰；也可以选择静静坐在岩穴餐厅的露台上，点一杯土耳其红茶，遥望远处的“仙人烟囱”。当然，在卡帕多奇亚，冒险永远是主题，或许，坐上吉普车，在山地中纵横驰骋是一种更有意思的体验。

吉普车的驾驶员绝对不像外表看起来那样文静，虽然他们个个沉默寡语，大部分时候只会微笑，但一旦坐上驾驶席，他们会进入“狂野”的状态，方向盘一打便离开了大路，如识途老马一样在偏僻的山间小道奔驰，时而上下颠簸，时而左右摇晃，即便一边是悬崖峭壁，也不会阻挡他们“不走寻常路”的冲劲儿。而正是这样的吉普冒险，能带人进入卡帕多奇亚稀有人烟的胜境，在夕阳西下的时候，站在高处，远望火山灰创造的自然美景，真心会觉得这样的冒险是值得的。

一天即将走向结束的时候，站在洞穴餐厅的露台上，远处的山峰渐渐湮没在黑暗里，脚边的黑猫正在用不屑的眼神看着悠闲的人类。瓦罐里正倒出热气腾腾的牛肉餐，卡帕多奇亚的冒险之旅就在这安静的傍晚画上句点。

Day 7：伊斯坦布尔的惊喜

从卡帕多奇亚回到伊斯坦布尔，只需要一个小时的飞行。

然而从吉普车可以随意驰骋的卡帕多奇亚，回到国际大都市伊斯坦布尔，在滚滚的车流中慢慢蠕动，确实需要一些惊喜来调节心情。

好在伊斯坦布尔这个世界遗产城市从来都不缺惊喜。

从阿塔图尔克机场进入城市的公路上，就遇见了伊斯坦布尔人司空见惯的大堵车，却非常幸运地堵在了拜占庭时代城墙的边儿上，城墙背后露出了清真寺的圆顶和宣礼塔。这一座坚固的城墙，曾经帮助拜占庭人抵挡住了无数敌人的进攻，即便是最后攻克君士坦丁堡的土耳其苏丹穆罕默德二世，也耗费了将近两个月时间，用数倍于守军的兵力，绞尽脑汁才得以突破这一座宏伟的城墙。如今，拜占庭时代的城墙只剩残垣，能让人依稀凭吊这个曾经的地中海帝国的残阳时代。

带领我们游览伊斯坦布尔的土耳其妹子莎莎是一个爱玩的人，她会在车上给我们倒数“3！ 2！ 1！ 向左看！”，然后秀出一段伊斯坦布尔的彩虹阶梯，这样的惊喜在旅途中不断出现，直到我们看到了蓝色清真寺和圣索菲亚大教堂的圆顶。

这是两个时代的建筑杰作。今天的圣索菲亚大教堂建立于公元 537 年，是拜占庭的查士丁尼大帝（Justinian the Great，482—565）为炫耀自己的文治武功而建立的。教堂的穹顶高达 54.8 米，直径达 32.6 米，拜占庭帝国的建筑师们以各种小穹顶、拱门、扶壁、立柱等元素分摊着这个巨大穹顶的惊人重量，使建筑历经千年而不倒。教堂的大厅高旷而深邃，两边的柱廊、多彩的玻璃、耀眼的马赛克镶嵌画，呈现出一种变幻多端的空间感觉。漫步在这座神圣的教堂中，可以体会到历史的厚重。曾经亵渎过君士坦丁堡的威尼斯总督丹多洛，就静静安眠在教堂的一侧。在奥斯曼帝国时代设立的面向麦加的祭坛两侧，悬挂着巨大的奥斯曼大勋章，上面用阿拉伯字母书写着伊斯兰教先知和哈里发的名字，而祭坛上方，是东正教的六翼天使像。

伊斯坦布尔一角

东正教和伊斯兰教的元素在这千年的历史中于这座辉煌的教堂中熔为一炉。

走过蜿蜒曲折的斜道到达教堂的二层，又可以看到拜占庭的女王佐伊（Zoë Porphyrogenita，978—1050）与她的丈夫君士坦丁九世（Constantine Ⅸ Monomachos，1000—1055）的镶嵌画，昔日的皇帝将他们的形象与基督、圣母等神明的形象用金碧辉煌的马赛克绘画在一起，达到了万世流传的目的。走出教堂的美丽之门，回头看时，又能看到教堂的建立者查士丁尼大帝和最早的教堂建设人君士坦丁大帝出现在同一幅镶嵌画中，他们的中间是环抱耶稣的圣母，君士坦丁将拜占庭这个城市奉献给神明，而查士丁尼则奉献了这座完美的教堂。

对面的蓝色清真寺，是一座不逊色于圣索菲亚教堂的伟大建筑。抱着要和拜占庭相媲美的心态，1609年，苏丹艾哈迈德一世（Ahmed Ⅰ Bahti，1590—1617）命他的建筑师设计一座辉煌的清真寺，就建立在昔日拜占庭皇宫的遗址上。苏丹希望用这座建筑来传达一个信息：虽然帝国在战场上面对波斯和哈布斯堡王朝这东西两个方向上最大的敌人都丝毫没有占到任何便宜，奥斯曼帝国依然强大。

设计这座清真寺的建筑师穆罕默德·阿加（Sedefkar Mehmed Agha，1540—1617）是奥斯曼帝国最杰出的设计师锡南（Mimar Sinan，1490—1588）的得意门徒。他的设计沿袭了师傅的精髓，用优美的曲线、层叠的圆顶和前所未有的六根高大宣礼塔构筑起了一座足以睥睨一切的宏伟建筑。在建筑内部，建筑师用260扇华丽的窗户、数万块蓝色的伊兹尼克瓷砖、数人合抱的巨大石柱营造出了壮美的神圣氛围，使得这一座清真寺在巨大吊灯营造出的光影效果中展现出迷人的魅力。

从圣索菲亚大教堂的一边，沿着金角湾向前走，穿越崇敬门，就能进入奥斯曼帝国苏丹的炮台皇宫——托普卡帕宫。这个皇宫，俯瞰金角湾，背靠大

倾倒的蛇发女妖美杜莎头像

教堂，似乎是苏丹为炫耀占领君士坦丁堡的赫赫武功而刻意做的选址。在这里，苏丹的豪华宫廷揭开了它的神秘面纱，宫廷中珍藏的硕大无朋的钻石、镶嵌祖母绿的宝刀、远涉重洋而来的中国瓷器、金银打造的梳妆盒……都揭示着苏丹曾经的奢华生活。

伊斯坦布尔真正的惊喜是深藏在地下的。

在圣索菲亚大教堂的斜对面，有一处不易找到的似地铁站入口的建筑，顺着台阶可以走入拜占庭时代的地下世界。

在 1545 年，一位在伊斯坦布尔研究拜占庭古迹的学者无意中发现了一处地下的储水设施，从而让尘封的地下水宫（Yerebatan Sarnıcı）得以重见天日。今天，我们走在木制的栈道上，看着深邃的地底支起了粗壮的石柱，水中的鲤鱼在欢快地翻腾，不由得惊叹于查士丁尼皇帝的大手笔。这一处地下储水设施，为拜占庭提供了数百年的饮用水，在帝国灭亡以后才默默无闻，直到下一个帝国也统治了这个城市百年，才为世人所知，这本身就是一个传奇。

沿着栈道，走到水宫的深处，两根硕大的石柱下压着一个倾倒的头像雕塑。这是古希腊神话故事中的蛇发女妖美杜莎，当地有一种传说，只有蛇发女妖的头被倒置压在柱下，她的妖力才能被压制。传说为这个花费了众多古代罗马建筑材料构筑成的地下世界增添了更多的神秘色彩。自 1963 年 007 电影《来自俄罗斯的爱》（*From Russia with Love*）在此取景开始，它出现在无数的电影和纪录片中，让人对伊斯坦布尔这个城市更增加了一分神往。

Day 8：王子岛的马蹄声

伊斯坦布尔这个步步是景的遗产城市，还有许多值得一看的地方：缀满了拜占庭时代马赛克镶嵌画的克拉教堂（Chora Church）、奥斯曼帝国全盛时代的象征苏莱曼清真寺（Süleymaniye Camii）、豪华可媲美托普卡帕的多玛巴赫切宫（Dolmabahçe Sarayı）。然而，伊斯坦布尔的天气，也和孩子一样喜怒

王子岛街景

王子岛街景

无常，在雨水连绵不断的季节，要不就来一次暂时远离城区的海上之旅吧。

前往王子岛的游船还带着古早的味道，海的腥味、钢铁锈蚀的气味和油的气味混杂在一起，面目和善的土耳其老人，拿着当天的报纸，跷着腿，优哉游哉地坐在椅子上。船驶入博斯普鲁斯海峡，海鸟迅速地从船侧掠过，惊起一湾平波，远处的山上，伊斯坦布尔的三处地标性建筑——圣索菲亚大教堂、蓝色清真寺和托普卡帕宫一字排开，在雨中渐渐朦胧。而我们的目的地王子岛，在驶出海峡的马尔马拉海口。

王子群岛（Prens Adaları），这个九座大小不一的岛屿组成的群岛，如今是伊斯坦布尔人的度假胜地，而在历史上，拜占庭帝国将触犯君王的王子和被废黜的君主流放关押在这几座岛屿上，因而使岛屿有了这样"霸气"的名字。

数百年来，即便是最大的岛屿比于卡达岛（Büyükada）上，也没有汽车，人们依靠马车和自行车代步。踏上一座奥斯曼帝国晚期风格的码头后，就能嗅到马的气息。赶着马车的车夫是一位和善的老人，他在岛上并不宽阔的道路上娴熟地绕转，马蹄"嘚嘚"，驶过了两边的白墙红瓦、繁花似锦的古旧别墅。在经历了伊斯坦布尔的喧嚣后，在这个岛屿上可以收获世外桃源般的宁静。

回到伊斯坦布尔的世俗世界，就去大巴扎逛一圈吧！在迷离的集市道路上，听着两边嘈杂的叫卖声，闻着空气中奇特的香料味道，看着两边店铺橱窗中琳琅满目的丝绸、珠宝、灯具、瓷器和工艺品，旅者的心会渐渐沉醉在伊斯坦布尔的诱惑中。

这就是蓝色的土耳其，吸引人的不仅仅是美食，还有蕴含在美食中的文化。

1. [美] 杰克·特纳著，周子平译：《香料传奇：一部由诱惑衍生的历史》，三联书店 2007 年版。

2. [美] 戴维·考特莱特著，薛绚译：《上瘾五百年：烟、酒、咖啡和鸦片的历史》，中信出版社 2014 年版。

3. [日] 石田干之助著，钱婉约译：《长安之春》，清华大学出版社 2015 年版。

4. [英] 莉齐·克林汉姆著，邵文实译：《咖喱传奇：风味酱料与社会变迁》，电子工业出版社 2015 年版。

5. [德] C.W·策拉姆著，张芸、孟薇译：《神祇、陵墓与学者：考古学传奇》，三联书店 2012 年版。

6. [澳] Lonely Planet 公司编，唐昕昕等译：《土耳其》，中国地图出版社 2014 年版。

7. [英] 迈克尔·伍德著，沈毅译：《追寻特洛伊》，浙江大学出版社 2014 年版。

8. 史军著：《植物学家的锅略大于银河系》，清华大学出版社 2013 年版。

9. [美] 玛格丽特·维萨著，刘晓媛译：《一切取决于晚餐》，新星出版社 2007 年版。

10. [美] 薛爱华著，吴玉贵译：《撒马尔罕的金桃：唐代舶来品研究》，社会科学文献出版社 2016 年版。

11. [日] 宫崎正胜著，陈柏瑶译：《不可不知的世界饮食史》，远足文化事业股份有限公司 2013 年版。

12. [土] 奥尔罕·帕慕克著，何佩桦译：《伊斯坦布尔：一座城市的记忆》，上海人民出版社 2007 年版。

13.[美]戴夫·德威特著，梅佳译:《达·芬奇的秘密厨房：一段意大利烹饪秘史》，电子工业出版社 2015 年版。

14.[土]阿赫梅特·乌米特著，谢佳宜译：《逆神的爱》，天津人民出版社 2015 年版。

15.[美]斯坦福·肖著，许序雅、张忠祥译：《奥斯曼帝国》，青海人民出版社 2006 年版。

16.[美]斯图尔德·李·艾伦著，陈小慰、朱天文、叶长缨译：《恶魔花园：禁忌食物的故事》，电子工业出版社 2015 年版。

17.[美]保罗·弗里德曼著，董舒琪译：《食物：味道的历史》，浙江大学出版社 2015 年版。

18.王三义著:《晚期奥斯曼帝国研究（1792—1918）》，中国社会科学出版社 2015 年版。

19.[德]克劳迪亚·米勒－埃贝林、克里斯蒂安·拉奇著，王泰智、沈惠珠译：《伊索尔德的魔汤：春药的文化史》，三联书店 2013 年版。

20.[美]汤姆·斯坦迪奇著，杨雅婷译:《舌尖上的历史》，中信出版社 2014 年版。

21.[澳]Lonely Planet 公司编，徐彬等译:《希腊》，中国地图出版社 2014 年版。

22.[日]古贺守著，汪平译：《葡萄酒的世界史》，百花文艺出版社 2007 年版。

23.[美]罗伯特·B.科布里克著，李继荣等译：《希腊人》，后浪出版公司 2013 年版。

24.[美]罗伯特·B.科布里克著，张楠译：《罗马人》，后浪出版公司 2014 年版。